ESSAI

D'UNE

DESCRIPTION GÉOLOGIQUE

DU

DÉPARTEMENT DE SEINE-ET-MARNE.

ESSAI

D'UNE

DESCRIPTION

GÉOLOGIQUE

DU

DÉPARTEMENT DE SEINE-ET-MARNE,

PAR M. DE SENARMONT,

INGÉNIEUR DES MINES.

PARIS,

IMPRIMERIE DE BÉTHUNE ET PLON,

Rue de Vaugirard, 36.

1844

AVERTISSEMENT.

Le 30 août 1835 une circulaire de M. Legrand,
conseiller d'État, directeur général des ponts et
chaussées et des mines, rappelait à **MM.** les préfets
les travaux entrepris pour l'exploration géologique
du sol de la France ; et les engageait à deman-
der aux Conseils généraux les moyens d'exécuter
des études partielles, détaillées, de manière à
rattacher à la carte géologique de France des
cartes géologiques départementales sur une plus
grande échelle, sortes de plans parcellaires expli-
catifs du plan d'ensemble.

Cet appel a été entendu par le Conseil général
de Seine-et-Marne. Dans sa session de 1836, il a
décidé qu'une carte de ce genre serait exécutée ;
c'est pour satisfaire à ce vœu, et par l'ordre de
M. le directeur général des ponts et chaussées et
des mines, que le travail suivant a été entrepris.
Quoique diverses circonstances en aient retardé
la publication jusqu'à ce jour, il a été achevé
dans le courant des années 1837, 1838, 1839 et
1840. L'on n'a donc pu profiter pour l'étude du

sol, d'aucun des travaux d'art exécutés depuis cette époque.

Après les nombreux et excellents travaux dont la géologie des environs de Paris a été l'objet, on ne pouvait prétendre ajouter beaucoup à la connaissance des terrains tertiaires. Mais l'on s'est attaché à représenter aussi exactement que possible leur distribution géographique et leurs limites sur le sol du département. On s'est avant tout laissé guider par les caractères de superposition qui ne font presque jamais défaut quand chaque localité est l'objet d'investigations minutieuses; l'on n'a pas non plus négligé les indications conchyliologiques, et cependant elles laissent une lacune complète dans la description suivante. M. Voltz, dont le corps des mines déplore encore la perte, avait bien voulu suppléer à notre insuffisance à cet égard. Son secours nous a manqué, et au point où en est arrivée la connaissance des fossiles tertiaires il vallait mieux laisser ce travail à faire que de le présenter imparfait.

L'étude du département de Seine-et-Marne et le tracé des divisions géologiques ont été exécutés en grande partie, au moyen de la carte de Cassini; les excellentes cartes topographiques du dépôt de la guerre n'avaient pas encore été complétement publiées. Aussitôt qu'elles ont paru, on s'en est servi pour reproduire toutes les indications géologiques; et quoique ce transport d'une carte sur l'autre ait été fait après coup et dans le cabinet, on a lieu de croire qu'il n'a pu donner lieu qu'à de bien légères inexactitudes.

INTRODUCTION.

Des substances minérales de nature variée constituent l'écorce du globe accessible à nos moyens d'études et d'investigations.

L'agrégation de ces matériaux forme des *roches* qui
diffèrent et par leur *composition* et par leur *structure*.

Les unes se présentent en masses homogènes que des
fentes sans symétrie traversent indifféremment dans
tous les sens. Ces roches *massives* ou *non stratifiées* sont
en génëral composées d'éléments cristallins.

Les autres sont divisées, par des joints à peu près parallèles, en couches comparables aux assises d'une construction régulière ; les assises sont souvent à leur
tour composées de feuillets superposés comme ceux
d'un livre, et la structure de chaque couche imite ainsi
en petit celle de la roche elle-même. Ces roches sont
stratifiées. Leur mode d'agrégation prouve qu'elles ont
dû se former par sédiment au sein des eaux. Leurs matériaux constituants ressemblent d'ailleurs aux détritus
de tout genre qui se déposent encore aujourd'hui en

couches vaseuses ou arénacées au fond des mers ou des rivières. D'autres fois ils présentent les caractères de véritables précipités chimiques ; mais, dans tous les cas, les débris organisés que ces roches recèlent fournissent une preuve de leur origine d'un autre ordre, il est vrai, mais peut-être plus convaincante encore que leur structure.

L'expérience prouve qu'un dépôt sédimentaire se dispose en couches à peu près horizontales. Telle a dû être par conséquent la situation naturelle des roches stratifiées. De nombreuses observations de détail viennent d'ailleurs démontrer que presque toutes se sont formées ainsi. Mais, dans cette construction par assises, il est évident que la plus basse a dû être posée la première, et la couche recouverte a nécessairement préexisté ; l'ordre de leur situation relative est l'ordre successif de leur formation. La stratification des roches fournit donc une échelle chronologique qui peut servir de guide sûr pour l'étude de tous les phénomènes de la géologie.

Dans les pays de plaines, les roches stratifiées sont ordinairement en couches à peu près horizontales et les joints des assises sont presque parallèles. L'on voit souvent, au contraire, quand le sol est fortement accidenté, des couches très-inclinées et même complétement verticales, tandis que d'autres couches viennent s'étendre horizontalement sur les premières ; double disposition qui non-seulement permet, comme dans le premier cas, de reconnaître un ordre chronologique de succession, mais prouve encore qu'une grande solution de continuité a séparé la formation des roches superposées.

Cette solution de continuité n'est pas moins évidente quand des assises régulières viennent remplir les dépressions d'une surface inégale, due manifestement à la dégradation des roches préexistantes. Enfin, si des transitions graduées dans la nature et dans l'étendue de certains ensembles de couches sédimentaires, attestent les changements lentement progressifs des causes sous l'influence desquelles ces ensembles de couches se sont déposés, la réapparition brusque de quelques roches de transport violent annonce de même le retour de certaines perturbations qui ont séparé ces périodes de tranquillité. Une opposition brusque et tranchée dans la composition et dans la nature de deux couches superposées suffit même pour indiquer un changement analogue dans les circonstances qui ont présidé à leur formation.

Les accidents, les particularités de la stratification permettent donc d'établir, dans le nombre presque infini des assises qui composent l'écorce du globe, des rapprochements ou des divisions plus ou moins prononcées suivant la valeur des caractères naturels qui les réunissent ou qui les séparent. C'est ainsi que dans toutes les sciences d'observation on est conduit à former des classes, des familles, des genres et des espèces.

Un phénomène d'un autre ordre est venu presque toujours confirmer, quelquefois même suppléer les considérations qui ont servi à établir ces divisions systématiques. L'observation prouve en effet que chaque groupe naturel se trouve en même temps caractérisé par la

nature particulière et distinctive des êtres organisés
dont les roches, qui en font partie, ont conservé les débris.

Une certaine analogie de gisement et de composition,
les restes d'un certain ensemble d'êtres organisés défi-
nissent ainsi chaque groupe particulier de couches de
sédiment ; d'un groupe à l'autre, au contraire, ces caractères présentent, au moins dans certaines contrées,
des différences nettes et tranchées, et l'on trouve au
passage les traces d'une grande solution de continuité,
d'un bouleversement dont il serait impossible de nier
l'existence, alors même qu'on ne saurait dire en quoi il
a consisté.

La série des roches stratifiées n'est presque jamais
complète dans une même localité; il n'est pas rare, au
contraire, d'en voir manquer un ou plusieurs termes,
et des groupes très-séparés dans l'échelle géologique
peuvent ainsi se trouver en contact immédiat. Ces grandes lacunes, répétées souvent à diverses hauteurs, prouvent que les sédiments n'ont pu se disposer partout en
nappes continues. Les continents paraissent donc avoir
subi à diverses reprises des immersions et des émer-
sions partielles avant d'arriver à l'état où nous les voyons
aujourd'hui.

Ces résultats ne sont cependant ni les seuls, ni les plus
importants de ceux auxquels conduit l'étude des terrains de sédiment.

L'on voit ordinairement, dans les pays de montagnes, des roches en masse sortir sous les roches en
couches, celles-ci disposées dans une direction à peu

près constante comme les deux versants d'un toit s'appuient de part et d'autre sur ce noyau central, sorte de charpente intérieure qui soutient tout l'édifice. Cette disposition de détail et d'ensemble, ces rapports de situation ne permettent guère de méconnaitre le rôle que paraît avoir joué le soulèvement des roches non stratifiées dans le redressement des couches sédimentaires et dans la formation des montagnes elles-mêmes.

Mais d'un autre côté il est peu de contrées où ce redressement ait agi sur toutes les couches qui y existent, et une séparation tranchée entre les assises redressées et celles qui viennent s'étendre horizontalement jusque sur leurs pentes, prouve que le mouvement s'est opéré dans un intervalle de temps compris entre les périodes du dépôt des deux groupes superposés.

L'époque de cette révolution laissera d'ailleurs peu d'incertitude quand elle devra prendre place entre deux périodes consécutives correspondant à la formation de deux couches contiguës.

Les soulèvements des différentes chaînes de montagnes se trouvent ainsi rapportés à l'échelle chronologique que fournit partout la succession des roches stratifiées. Leur âge relatif peut être déterminé, et si on les met toutes en parallèle avec la série complète des assises sédimentaires, on trouve que chacune des grandes discontinuités observées correspond à un système de soulèvement particulier. Première révélation des causes qui, à diverses reprises, ont pu assécher les continents ou les replonger au sein des eaux, qui ont pu détruire partiellement des couches déjà déposées, faire

succéder sans transition des roches de transport violent à des roches de dépôt tranquille, anéantir une partie des êtres organisés et changer enfin brusquement
les conditions de la vie à la surface du globe, de manière à faire disparaître presque complétement certaines
espèces d'êtres organisés.

Les faits observés, leurs conséquences nécessaires,
tout concourt donc à prouver que la surface du globe a
traversé de longues périodes de repos et des moments
de crises violentes et passagères. Pendant les intervalles
de calme relatif, comparables à l'époque de tranquillité actuelle, des êtres organisés se multiplient, d'immenses couches de sédiment se forment graduellement
aux dépens des roches préexistantes par l'action inces-
sante de causes de destruction lente, analogues à celles
dont nous voyons chaque jour les effets. Une convulsion
subite accompagnée de l'élévation de quelques chaînes
de montagnes et suivie d'un mouvement tumultueux des
mers, vient ensuite porter la destruction et la mort sur
de vastes étendues de la surface du globe. Alors se forment, par ces agents impétueux de dégradation, des
roches de transport grossières ; puis, à mesure que l'é-
quilibre se rétablit, la vie reparaît, mais sous d'autres
influences : de nouvelles espèces peuplent les continents
et les mers, de nouveaux sédiments se déposent au pied
de nouveaux rivages ; enfin, une période de stabilité
semblable à celle qui l'a précédée commence, pour se
terminer à son tour par une nouvelle catastrophe, et
pour se reproduire encore. Mais, à mesure que de nouvelles espèces animales ou végétales viennent remplacer

celles qui ont disparu dans ces grandes révolutions, leurs caractères d'ensemble se modifient, les formes se compliquent, l'organisation se développe et se perfectionne, et la création généralement assez simple, qui a laissé ses débris dans les roches les plus anciennes, s'élève ainsi jusqu'à l'homme, dont on ne retrouve les restes dans aucune couche de sédiment proprement dite; et qui, placé sur la terre à l'époque récente où toutes choses étaient à peu près dans l'état où nous les voyons encore, parait n'avoir été témoin que de la dernière révolution du globe, révolution dont les annales de tous les peuples ont conservé le souvenir.

Tout l'édifice géologique a donc pour base fondamentale la connaissance exacte des couches de sédiment. En donnant à chaque groupe naturel la plus grande extension possible, on en compte *treize* principaux. À chaque intervalle correspond un système de soulèvement particulier.

Il serait impossible de donner ici une idée, même imparfaite, des roches qui composent chaque groupe et des faits qui ont motivé ces divisions, mais il peut être utile d'en faire connaître au moins la nomenclature. Ces groupes se succèdent dans l'ordre suivant, en s'élevant de bas en haut, en procédant de l'ancien au moderne.

1° Groupe CAMBRIEN.

2° Groupe SILURIEN.

3° Groupe DEVONIEN.

Ces trois groupes se composent de poudingues, de

grès, de schistes et de calcaires; les roches prennent souvent une texture cristalline.

4° Le groupe CARBONIFÈRE.

De ce groupe font partie l'étage du *calcaire carbonifère*, formé de calcaire et de schistes, puis l'étage *houiller*, proprement dit, avec ses poudingues, ses grès, ses schistes et ses énormes dépôts de combustible.

5° Le groupe PÉNÉEN.

Il renferme une assise de poudingues et de grès appelée nouveau *grès rouge* et une assise de calcaire appelée *zechst*.

6° Le groupe du GRÈS des VOSGES.

Il est entièrement composé de poudingues ou de grès.

7° Le groupe de TRYAS.

Dans ce groupe sont réunis des conglomérats, des grès sous le nom de *grès bigarré*, des calcaires sous celui de *muschelkalk*, des marnes sous la désignation de *marnes irisées*. Ces premières sont souvent remarquables par des dépôts de gypse et de sel gemme.

8° Le groupe JURASSIQUE.

Cet ensemble, très étendu, se subdivise en plusieurs étages puissants et se compose de quelques grès, de sables et de couches multipliées calcaires, argileuses et marneuses constituant l'assise du *lias* et les trois assises de l'*oolithe*.

9° Le groupe CRÉTACÉ INFÉRIEUR.

Il comprend des roches calcaires et argileuses réunies sous le nom d'*assise néocomienne* ou *wealdienne*, des sables, des grès et des argiles sous celui de *grès vert*, des calcaires sous celui de *craie tuffeau*.

10° Le groupe CRÉTACÉ SUPÉRIEUR.

Assise calcaire puissante qu'on appelle proprement la *craie*.

11° Le groupe TERTIAIRE INFÉRIEUR.

Il renferme toutes les assises, depuis l'angle plastique inclusivement jusqu'aux dernières couches lacustres d'un calcaire caractérisé par les amas de gypse qu'il renferme vers sa partie inférieure.

12° Le groupe TERTIAIRE MOYEN.

Dans ce groupe se trouvent réunies plusieurs assises de sables, de grès, de poudingues et des calcaires déposés par des eaux douces et marines.

13° Le groupe TERTIAIRE SUPÉRIEUR.

Les roches qui composent ce groupe présentent souvent les caractères des alluvions et des atterrissements.

A ces formations géologiques proprement dites succèdent les PRODUITS DE LA PÉRIODE ACTUELLE.

L'on a déjà dit qu'à la séparation de deux systèmes de couches consécutifs on observait en général les traces d'un grand cataclysme. Des dépôts particuliers, produits de ces perturbations, correspondent aux derniers intervalles et sont ordinairement appelés *diluviens*.

Ils se composent de cailloux roulés et quelquefois de roches volumineuses, de sables et de limon. C'est aux violents courants d'eau, aux immenses marées qui les ont produits qu'il faut probablement attribuer le creusement de certaines vallées larges et profondes, les érosions qui, dans plusieurs contrées, ont accidenté la surface du sol, enfin ces vastes dénudations qui, sur d'immenses étendues, ont fait disparaître certaines couches meubles et même des roches solides et résistantes.

L'on peut, en s'appuyant sur des caractères accessoires, distinguer dans ces grandes associations de couches sédimentaires, uniquement établies sur le principe fondamental de non-parallélisme des assises consécutives, des groupes secondaires que des considérations d'un ordre de moins en moins élevé permettent de subdiviser encore.

Les premières subdivisions sont ordinairement fondées sur des contrastes de composition, parfois tellement remarquables que, pour les avoir produits, les circonstances du dépôt ont dû totalement changer. Mais, si on veut les pousser plus loin, il ne faut pas perdre de vue que les caractères qui servent à les établir cessent ordinairement d'être généraux, et qu'on doit bien se garder alors de donner trop d'extension à des conclusions toutes locales comme les observations d'où on les a tirées.

En envisageant les roches stratifiées sous un point de vue un peu différent et en prenant en considération certaines analogies de composition et de structure, en même temps que l'école chronologique de leur formation, on les réunit fréquemment sous les désignations collectives de roches de *transition*, *secondaires* et *tertiaires*.

Les roches de transition ont été nommées ainsi, par une double opposition : d'abord aux roches en masses appelées *primitives*, parce qu'on les a regardées comme la première écorce consolidée du globe terrestre ; puis aux roches de sédiment proprement dites. Elles diffèrent des premières par leur disposition en couches et s'en rapprochent par leurs caractères minéralogiques et par leur texture cristalline ; elles diffèrent des secondes, au contraire, par leurs caractères minéralogiques et par leur texture cristalline et s'en rapprochent par leur disposition en couches.

On avait d'abord compris sous le nom de roches secondaires tout le remblai formé par voie de sédiment, soit à la surface des roches primitives, soit à la surface des roches de transition; mais des différences tranchées, observées à l'autre extrémité du groupe, ont fait établir une seconde subdivision sous le nom de roches tertiaires.

Quoique cette classification manque de précision, on la conserve encore ; mais elle n'indique pas une séparation plus marquée entre chacun des trois groupes qu'entre certains ensembles de roches qui se trouvent ainsi réunis sous une dénomination commune.

Les groupes désignés sous le nom de Cambrien, Silurien, Devonien et Carbonifère appartiennent aux roches de transition. Dans les roches secondaires sont rangées toutes celles comprises depuis le groupe Pénéen jusqu'au groupe Crétacé supérieur inclusivement ; enfin les autres appartiennent aux roches Tertiaires.

DÉFINITION

DE QUELQUES TERMES EMPLOYÉS EN GÉOLOGIE.

Avant d'aller plus loin il est utile de définir un petit nombre de termes dont l'acception ordinaire est, dans le langage géologique, détournée, restreinte ou étendue.

Toute agrégation de substances minérales est une *roche*, qu'elle soit d'ailleurs dure et consistante ou molle et incohérente. On dit une *roche* de *grès*, de *marbre*, une roche de *marne*, d'*argile* ou de *sable*.

Tout système de roches dont le gisement et la nature offrent de certaines analogies forme un *terrain*. Cette expression implique donc toujours une idée d'ensemble et s'applique particulièrement aux groupes naturels dont on a donné plus haut l'énumération ; ainsi l'on dit : terrain houiller, terrain crétacé, terrain tertiaire, etc.

Le mot *formation*, pris souvent comme synonyme du mot terrain, s'applique plus spécialement à un ensemble de roches dont la composition chimique est analogue ou qui se sont déposées dans un milieu de même nature. Ainsi un terrain peut être composé de plusieurs formations.

L'on joint ordinairement au mot formation une épithète qui indique la nature du milieu dans lequel les roches se sont déposées ou la composition chimique du dépôt ; ainsi l'on dit : formation marine, lacustre, etc., formation gypseuse, calcaire, etc.

Une *couche* est une roche comprise entre deux surfaces

planes ou contournées, mais à peu près équidistantes.

Un *lit* est une couche ordinairement mince et peu étendue.

Une couche est *subordonnée* dans un terrain quand elle a relativement peu d'étendue et qu'elle finit de tous côtés en s'amincissant.

La *puissance* d'une couche est son épaisseur mesurée perpendiculairement aux deux surfaces à peu près parallèles qui la limitent.

Son *inclinaison* est l'angle aigu que son plan fait avec l'horizon.

Ses *affleurements* paraissent à tous les points où elle vient se montrer à la surface du sol.

Lors donc qu'une couche est horizontale, ses affleurements ne sont visibles que sur un sol en pente ; et dans tous les cas ils tracent sur ces pentes une *zone* de *niveau* dont la largeur diffère plus ou moins de la puissance réelle de la couche.

Des couches à peu près horizontales peuvent être disposées en retraite l'une sur l'autre de manière que celle qui est au-dessus ne recouvre pas entièrement celle qui est au-dessous ; elles montrent alors, même dans un pays de plaines, leurs tranches coupées en biseau très-aigu, et leurs affleurements dessinent à peu près les contours du bassin dans lequel chaque couche paraît s'être déposée.

ESSAI

D'UNE

DESCRIPTION

GÉOLOGIQUE

DU

DÉPARTEMENT DE SEINE-ET-MARNE.

PREMIÈRE PARTIE.

CONSTITUTION PHYSIQUE.

Situation. — Étendue. — Configuration du sol. — Rivières.

Le département de Seine-et-Marne est compris entre 0°,3′ et 1°,13′ de longitude est comptée à partir du méridien de l'Observatoire de Paris, et entre 48°,7′ et 49,°6′ de latitude nord.

Il tire son nom de la Seine, dont le cours sinueux se développe sur 85 kilomètres environ dans la direction générale du sud-est au nord-ouest, et de la Marne qui, par de longs circuits, parcourt dans le département environ 100 kilomètres.

L'étendue superficielle du département de Seine-et-Marne est de 558,575 hectares.

Quoique le sol de ce département ne soit pas fortement accidenté, sa configuration est assez remarquable. Trois étages de plaines très-faiblement inclinées vers le sud s'y succèdent en gradins à des niveaux différents.

Sur la rive gauche de la Seine, au sud du département, des plateaux étendus atteignent 120 à 125 mètres d'altitude. Leur superficie presque horizontale est découpée profondément par des vallons à versants escarpés; mais ces sillons étroits en interrompent à peine la continuité. Des pentes rapides bornent ces plateaux de toutes parts, et les contours dentelés de cette espèce de falaise irrégulière dominent les plaines de l'étage moyen et forment sur ses bords comme des golfes profonds et des caps saillants et allongés.

A l'étage moyen des plaines appartient toute l'étendue comprise entre la Marne et la Seine, il s'avance même en quelques endroits sur la rive gauche de cette rivière. Ces plaines se relèvent sensiblement et d'une manière continue vers le nord. Aussi leur niveau, qui ne dépasse pas 70 mètres au pied du talus assez raide qui forme la limite des plaines élevées, passe graduellement dans

Des plaines plus basses, moins uniformes dans leur niveau, occupent la rive droite de la Marne et de la Seine, et leur surface légèrement ondulée se raccorde avec celle de l'étage moyen par des pentes insensibles.

Sur les plaines inférieures s'élèvent un grand nombre de mamelons isolés de toutes parts; s'ils ont quelque étendue, ils sont toujours couronnés par un plateau horizontal, dont le niveau atteint celui des plus hautes plaines; ils en sont d'ailleurs séparés, et sont séparés entre eux, par de larges bas-fonds comparables à d'immenses vallées à fond plat, ouvertes par les deux bouts, sans rivières et sans cols.

Ces monticules et les collines qui se rattachent comme de grands promontoires à la ceinture en talus, irrégulière et escarpée, qui borde les plaines de l'étage supérieur, sont en général allongés et alignés dans une direction commune, et forment ainsi plusieurs séries parallèles de chaînons discontinus. Cette direction est presque partout celle de l'est sud-est à l'ouest nord-ouest. Vers le nord du département elle se rapproche de la ligne sud-est nord-ouest qui devient dominante dans le département de Seine-et-Oise.

Les collines allongées qui dans la forêt de Fontainebleau portent le nom de rochers, les éminences sableuses qui environnent Melun, celles qui s'étendent à l'ouest de Mont-le-Potier, entre Fontaine-sous-Montaiguillon et Courchamp, enfin les monticules qui règnent avec de larges solutions de continuité entre Meaux, Dammartin et Saint-Witz, sont autant d'exemples de ces dispositions remarquables.

Ces alignements généraux, la forme particulière de chaque monticule, les correspondances de niveau, tout porte à croire que ces collines ont primitivement fait partie d'un même ensemble, et qu'elles sont demeurées comme autant de témoins d'un immense déblai qui les a séparées entre elles et des plaines hautes auxquelles il paraît difficile de se refuser à les réunir par la pensée.

Les rivières les plus importantes du département, sont : l'Ionne et la Seine, le Loing et la Marne.

La Seine et l'Ionne, après avoir coulé l'une dans la direction générale de l'est nord-est à l'ouest sud-ouest, l'autre de l'est sud-est à l'ouest nord-ouest, viennent se réunir à Montereau, sous un angle aigu, et suivent pendant 12 kilomètres environ une direction moyenne à peu près de l'est à l'ouest. La Seine reçoit ensuite presque à angle droit le Loing sur sa rive gauche, et son cours infléchi vers le nord prend la direction du sud-est au nord-ouest.

La Marne serpente autour d'une ligne moyenne dirigée du nord-est au sud-ouest.

Des cours d'eau d'une importance secondaire se jettent dans la Seine. Elle reçoit sur sa rive droite la Voulzie et l'Ancueuil, le Loing grossi des eaux du Fusain, du Lunain et de l'Orvanne, et la rivière d'École.

La Voulzie est principalement alimentée par des sources qui viennent d'une assez grande profondeur. Son régime est régulier, et une pente assez forte répartie sur un cours de peu d'étendue sert de moteur à de nombreuses usines.

L'Ancueuil et l'École recueillent dans leur cours un assez grand nombre de fontaines qui sourdent à un niveau plus élevé.

Les eaux du Loing sont abondantes et régulières, sa pente est d'un peu plus de 20 mètres sur une étendue d'à peu près 34 kilomètres.

Le Fusain est formé par des sources. L'Orvanne et surtout le Lunain n'ont pas une grande importance.

L'Yères coule au fond d'une vallée étroite et tortueuse; elle prend sa source dans le département, et en sort pour rejoindre la Seine dans celui de Seine-et-Oise.

La Marne reçoit sur sa rive gauche le Petit e le Grand Morin. Ces deux rivières coulent à peu près parallèlement de l'est à l'ouest; elles pren-

nent leur source un peu au delà de la limite du
département et réunissent, dans toute l'étendue de leur cours, les eaux d'un assez grand
nombre d'étangs et de sources superficielles. Le
dernier se grossit en outre de plusieurs petits affluents, et finit, à son confluent avec la Marne,
par fournir un volume d'eau de quelque importance; il sert de moteur à beaucoup d'usines.
Sur sa rive gauche, la Marne se grossit de l'Ourcq,
de la Thérouanne et de la Beuvronne.

La vallée de l'Ourcq a peu de pente; elle
est large et profonde. Ses dimensions paraissent
même plus considérables que ne le comporterait le
cours d'eau qui la traverse.

La Thérouanne et la Beuvronne s'alimentent
du produit de plusieurs sources qui sortent toutes
au même niveau.

La ligne de partage des eaux entre les bassins
de la Seine et de la Marne est tout à fait indé-
terminée, et la presqu'horizontalité des plaines
rend les eaux superficielles à peu près indiffé-
rentes à l'écoulement dans un sens ou dans un
autre; en réalité même il existe deux vallées et
non deux bassins; puisque, au lieu d'une ligne de
faîte à la séparation de deux versants opposés,
l'on voit un grand plan régulièrement incliné
s'élever constamment du sud au nord, sans que
sa pente générale soit modifiée par les solutions

de continuité qui produisent les deux vallées.

Il résulte de là que les affluents de la Seine, comme les rivières d'Anqueuil et d'Yères, et ceux de la Marne, comme le Petit et le Grand Morin, ne s'écartent pas beaucoup du parallélisme, et que leur direction s'approche d'être perpendiculaire à la pente générale des plaines.

DEUXIÈME PARTIE.

CONSTITUTION GÉOLOGIQUE.

Rapports entre la constitution géologique du sol et le relief topographique.

La constitution géologique du sol du département de Seine-et-Marne et son relief topographique présentent entre eux des rapports frappants. Partout, en effet, les plaines, uniformes par leur niveau, sont uniformes par leur structure; partout on retrouve, sur les pentes des collines isolées, comme sur les talus escarpés qui limitent les plaines hautes, des éléments semblables, semblablement disposés; les mêmes couches viennent, dans le même ordre, presque à la même hauteur et avec la même puissance, présenter en regard des affleurements correspondants. Cette parfaite identité rétablit en quelque sorte, entre ces parties divisées d'un même ensemble, la continuité interrompue.

Toutes les assises qui composent le sol paraissent donc s'être superposées l'une à l'autre en nappes continues et presque horizontales; de violents agents de dégradation sont venus ensuite sillonner cette plaine immense; de larges déchirements ont mis à découvert les roches dont elle était composée; quelques collines isolées ont été épargnées au milieu de ces vastes dénudations, et les alignements, du sud-est au nord ouest, indiquent encore la direction des forces auxquelles il faut attribuer ces effets extraordinaires.

Chaque roche a, suivant sa nature minéralogique, subi, d'une manière différente, l'influence de cette dégradation, et a pris ainsi un caractère et une physionomie qui lui est propre; de sorte que l'inspection d'une bonne carte topographique fournit déjà des indications précises sur la constitution géologique du sol.

Ainsi une première assise argileuse (meulières supérieures) et encore mieux une puissante assise calcaire (calcaire lacustre supérieur) se sont maintenues en plateaux réguliers et presque horizontaux, partout où elles ont pu protéger suffisamment les sables qu'elles recouvrent. Ainsi, la masse de ces sables (sables supérieurs), épaisse et peu consistante, a été déchirée dans toute sa hauteur, partout où elle a été entamée; elle est sillonnée de gorges étroites et profondes, découpée irrégulièrement sur ses bords, qui se terminent en talus escarpés; et les grès qu'elle renferme, déchaussés et désunis, ont pris la disposition ruiniforme si remarquable et si pittoresque dans certaines contrées.

Des mamelons isolés attestent que les sables se sont étendus, et ont disparu depuis, sur des espaces immenses ; alors une seconde assise argileuse ou calcaire (meulières inférieures, travertin supérieur) a souvent résisté à la destruction, et de grandes plaines se sont formées, au milieu desquelles la dénudation partielle d'une troisième couche d'argile (glaises vertes) a produit à peine quelques dépressions légères.

Quand ces couches protectrices ont elles-mêmes été emportées, une puissante formation marneuse (travertin inférieur) a été profondément sillonnée, et a conservé une surface ondulée sur laquelle s'élèvent quelques mamelons défendus par la solidité d'épais amas de gypse.

Une seconde masse de sable (sables moyens) ressemble souvent à la première, et par sa puissance, et par sa nature ; aussi les mêmes agents destructeurs ont produit les mêmes effets, et ces deux formations affectent bien souvent la même manière d'être.

Enfin vers le bas se trouve un dernier groupe de couches calcaires (calcaire grossier). Les marnes fragmentaires qui le recouvrent ont été dégradées irrégulièrement ; mais les bancs solides, ou ne sont pas entamés, ou sont ouverts par des tranchées profondes à talus abrupts, et ces déchirures, ordinairement étroites, s'élargissent quand les couches inférieures, sableuses et friables, atteignent une grande épaisseur.

Le département de Seine-et-Marne fait partie d'un vaste ensemble géologique connu, par les admirables travaux de MM. Cuvier et Brongniart, sous le nom de bassin de Paris. Les terrains appelés tertiaires en occupent à peu près toute l'étendue; et sous ces terrains on rencontre la craie, dernière assise des roches secondaires. La description des roches suivra l'ordre chronologique de leur formation : elle commencera par les couches inférieures et se terminera par les supérieures, en procédant de l'ancien au moderne.

Il est d'ailleurs nécessaire de rappeler que la description qui va suivre n'est applicable que dans le cercle étroit où les observations ont été circonscrites.

DESCRIPTION GÉNÉRALE DES TERRAINS.

TERRAINS SECONDAIRES.

CRAIE.

Disposition générale de la formation crayeuse. — Configuration de la surface de la craie. — Usages.

La craie forme dans son ensemble une assise puissante.

Dans le département de Seine-et-Marne on n'en voit que la partie supérieure; elle se relève comme une vaste enceinte autour des terrains tertiaires, et se montre au fond de déchirures assez profondes pour trancher toutes les couches qui la recouvrent.

La roche se compose presque intégralement de carbonate de chaux de couleur blanche et à peu près pur, en particules extrêmement ténues, faiblement agrégé, et souvent mélangé de sable siliceux très-fin.

On ne reconnaît pas toujours dans la formation crayeuse des couches distinctes; mais on y trouve presque partout des lits à peu près parallèles de silex pyromaques gris et plus rarement blonds, de formes bizarres. Ces lits deviennent moins nombreux où même disparaissent dans la craie inférieure.

La craie supérieure se présente sous trois aspects assez différents. Quelquefois elle est dure, compacte, à cassure esquilleuse, sans fossiles et presque sans silex; quelques échantillons pourraient être confondus avec certaines variétés de calcaire d'eau douce. Cette première variété se trouve rarement et seulement au sommet de quelques éminences; il est problable qu'elle fait partie des assises les plus élevées.

D'autres fois la roche est jaunâtre, consistante, à cassure terreuse. Elle contient peu ou point de silex; ceux-ci sont noirs ou quelquefois blancs. Cette seconde variété est à un niveau inférieur à la première, mais supérieur à la craie blanche et tendre, à silex noirs, qui compose la masse principale.

Les substances minérales sont rares dans la craie, on n'y trouve que des pyrites globuleuses ou incrustant des corps organisés; de petits cristaux de gypse et de strontiane sulfatée tapissent quelquefois des fissures, mais ces minéraux y ont été introduits accidentellement.

Considérée dans ses détails ou dans son ensemble, la surface de la craie est loin d'être plane. Elle a été fortement ravinée; et elle est ondulée, hérissée d'aspérités nombreuses, à côté de grandes excavations. Des fentes irrégulières la traversent dans son épaisseur, et leurs parois, souvent fort écartées, semblent comme sa superficie avoir éprouvé l'action des eaux.

Outre ces érosions en petit, on peut aussi reconnaître des inégalités d'un autre ordre. Intérieurement, au large bassin occupé par les couches tertiaires, la craie se montre en divers points, et ses éminences dénudées apparaissent comme des îlots au milieu des roches qui la recouvrent.

Cette configuration de la surface crayeuse ne paraît pas tenir seulement à la présence locale de quelques lambeaux des assises supérieures qui manqueraient dans les régions intermédiaires, mais très-probablement aussi à des mouvements qui ont altéré l'horizontalité et changé le niveau des couches déjà solidifiées.

La craie sert à divers usages :

On l'emploie comme marne pour amender les terres, et comme pierre à chaux. Cuite, sans mélange, elle fournit une chaux grasse; quand on la mélange intimement d'argile, on en obtient de la chaux hydraulique. La craie est éminemment propre à cette fabrication, parce qu'il est facile de la pulvériser sans cuisson préalable.

On emploie aussi la craie comme pierre à bâtir.

Enfin les parties les plus blanches et les plus tendres servent de crayon à l'état naturel, ou à la fabrication du blanc d'Espagne après qu'on l'a débarrassée, par lévigation, du sable qu'elle peut contenir.

CALCAIRE PISOLITHIQUE.

Ce terrain, qu'on retrouve dans la même position sur des points fort éloignés l'un de l'autre, et qui par conséquent a quelque importance géologique, est en général peu puissant et ne joue pas un grand rôle dans la constitution du sol. Il n'est observable que dans un très-petit nombre de localités à cause de sa faible épaisseur, et parce qu'il n'existe pas partout à la surface de la craie comme une assise continue.

La description du calaire pisolithique n'est en réalité que celle de trois ou quatre localités où on l'a observé, il est donc inutile d'entrer ici dans un plus long détail.

TERRAINS TERTIAIRES.

Disposition générale des terrains tertiaires. — Leur division en deux étages.

Les terrains tertiaires comprennent un grand nombre de couches de natures diverses, qui se partagent naturellement en groupes à peu près homogènes. Considérés dans leur ensemble, ces groupes présentent une disposition particulière que chacun d'eux reproduit avec une constance remarquable. En s'avançant vers le sud sud-est, on les voit s'enfoncer et disparaître par amincissement sous les assises qui les recouvrent. Vers le nord nord-ouest, au contraire, ils viennent finir en biseau très-aigu sur celles qui leur sont inférieures, et qui les débordent pour se terminer à leur tour de la même manière. Du nord nord-ouest au sud sud-est, ces groupes tertiaires se succèdent donc comme les tuiles d'un toit et se présentent dans l'ordre qui résulterait d'une superposition transgressive.

Cette disposition est nécessairement accompagnée d'une faible inclinaison, et d'une diminution de l'épaisseur de chaque assise à partir d'un centre différent où chacune d'elles atteint son maximum de développement.

Mais cette manière d'être générale, et qui dépend nécessairement des circonstances qui ont

présidé à la formation des roches tertiaires, n'altère en rien l'ordre et la régularité de leur stratification.

On retrouve cet ordre constant et invariable
quand on suit l'étude de ces roches jusqu'à leurs
dernières limites. Quelques alternances indiquent
souvent, il est vrai, un passage entre les formations contiguës; mais ces alternances, toutes locales, ne s'observent jamais qu'entre de petites
couches subordonnées, et seulement sur quelques
décimètres d'épaisseur. Nulle part l'enchevêtrement n'embrasse un ensemble de couches de quelque importance.

On partagera l'ensemble des terrains tertiaires
en deux étages. Deux se rencontrent dans le département de Seine-et-Marne.

Peut-être serait-il difficile, dans les limites res-
serrées de la description qui va suivre, de faire
ressortir un ensemble de caractères suffisants pour
démontrer la nécessité et même la convenance
de ces deux divisions; mais si, dans l'étendue
du département de Seine-et-Marne, il est impossible de trouver des preuves démonstratives, on
peut au moins réunir beaucoup d'inductions qui
toutes concourent à appuyer cette manière de
voir.

On admettra donc, dans les terrains tertiaires,
un étage inférieur et moyen; dans l'étage infé-

rieur, quatre groupes composés chacun de plusieurs systèmes de couches ; et trois groupes analogues dans l'étage moyen ; un seul sera attribué à l'étage supérieur.

Une description détaillée justifiera ensuite ces divisions progressives posées *à priori*, et établira la valeur croissante des caractères qui ont motivé chacune d'elles.

On résumera à l'avance la description qui va suivre dans un tableau qui représente ainsi la série complète des assises tertiaires, telle qu'on l'observe dans le département de Seine-et-Marne.

TABLEAU DES TERRAINS

DANS LE DÉPARTEMENT DE SEINE-ET-MARNE.

TERRAINS DILUVIENS.	TERRAIN DE TRANS-PORT DES VALLÉES.	Terre argilo-sableuse. Conglomérat de cailloux dans une argile rougeâtre. Cailloux roulés.	
	DILUVIUM DES PLAINES.	Diluvium des plateaux. Terrains remaniés des plaines basses.	
ÉTAGE TERTIAIRE MOYEN.	2e GROUPE, ou groupe du calcaire lacustre supérieur.	Argiles et meulières supérieures. Argiles à silex. Calcaires et marnes lacustres.	
	1er GROUPE, ou groupe des sables supérieurs.	Sables supérieurs et grès. Marnes sableuses.	
ÉTAGE TERTIAIRE INFÉRIEUR.	4e GROUPE, ou groupe du calcaire lacustre inférieur.	Argiles à meulières inférieures. Travertin supérieur. Glaises vertes et marnes. Travertin inférieur avec gypse.	
	3e GROUPE, ou groupe des sables moyens.	Sables moyens, grès et couches calcaires subordonnées.	
	2e GROUPE, ou groupe du calcaire grossier.	Marnes fragmentaires. Calcaire grossier. Calcaire grossier inférieur, ou sables calcaires et calcaires sableux glauconieux.	
	1er GROUPE, ou groupe de l'argile plastique.	2° Au-dessous du groupe du calcaire lacustre inférieur.	Marnes sableuses, grès à ciment argileux ou siliceux. Sables, argiles, poudingues de cailloux roulés, marnes argileuses.
		1° Au-dessous du groupe du calcaire grossier.	Sables inférieurs, couche coquillères. Sables, argiles, lignites. Marnes argileuses.

CALCAIRES PISOLITHIQUES.

CRAIE.

ÉTAGE TERTIAIRE INFÉRIEUR.

PREMIER GROUPE, ou groupe de l'argile plastique.

Ce premier groupe comprend plusieurs couches de natures diverses, mais comme l'ensemble de ces couches est bien souvent incomplet, qu'il existe entre elles des passages nombreux et même une position relative qui n'est pas toujours constante, elles doivent nécessairement demeurer réunies.

Le groupe de l'argile plastique présente d'ailleurs deux manières d'être assez différentes, et qui paraissent jusqu'à un certain point en rapport avec la nature des roches qui le recouvrent. Les caractères du terrain d'argile plastique inférieur au groupe du calcaire grossier ne seraient donc pas toujours applicables à celui sur lequel repose directement le calcaire lacustre inférieur.

Au-dessus du calcaire grossier l'on peut généralement distinguer trois subdivisions principales.

1re Subdivision. — Marnes argileuses.

Les marnes argileuses ne paraissent la plupart du temps formées que par le remaniement de la craie plus ou moins mélangée d'argile de sable et même de quelques lignites pyriteux. Cette première assise est rarement apparente à la surface du sol, elle a été traversée par plusieurs sondages ; sa puissance est quelquefois considérable.

2e Subdivision. — Sables, argiles, lignites.

Cette subdivision se compose d'un ensemble de couches sableuses avec des couches subordonnées d'argiles et de lignites d'épaisseur variable qui ne présentent pas une grande régularité dans l'ordre de leur succession.

Vers le bas les bancs d'argile sont ordinairement plus puissants et plus purs. Dans la région du nord, les lignites se trouvent à deux et même le plus souvent à trois niveaux différents. A mesure qu'on s'avance vers le sud, la formation entière paraît diminuer d'épaisseur; et les niveaux de lignites finissent généralement par se réduire à un seul : de sorte que l'ensemble du terrain se trouve composé d'une première assise d'argiles ordinairement assez pures, et ensuite de sables argileux associés à des lignites plus ou moins sableux et pyriteux , puis d'argiles moins pures que les premières.

3e Subdivision. — Sables inférieurs.

Au-dessus de l'assise des sables, argiles et lignites, on trouve assez constamment des sables à grains grossiers, micacés et composés de fragments arrondis de quartz blanc translucide,

3.

teints de diverses couleurs par de l'oxyde de fer. Ils enveloppent quelquefois des fragments irréguliers d'argile pure. Vers le sud, cette assise n'existe presque qu'à l'état rudimentaire. Elle gagne en puissance et en régularité vers le nord; les sables y sont généralement assez purs, leur grain est plus égal; ils renferment quelquefois de petits filets d'argile feuilletée, et de petits galets de silex en amande généralement noirs; on y trouve souvent des points verts répandus assez uniformément; enfin l'on y rencontre quelques blocs de grès, des rognons à ciment calcaire, et des nodules agglutinés par un ciment ferrugineux pleins ou sous forme de géodes à noyau sableux et friable. Vers la partie supérieure, ces sables deviennent habituellement calcaires; ils passent même constamment à des bancs calcaires qui forment un horizon régulier, et sont reconnaissables à la grande quantité de coquilles qu'ils renferment.

Sous le calcaire lacustre inférieur, le groupe de l'argile plastique est bien moins régulier, et il est impossible d'y établir des subdivisions un peu générales.

On y trouve souvent vers le bas des marnes calcaires argileuses, et des poudingues composés de silex roulés incohérents ou cimentés par un grès lustré très-dur; ensuite une grande épaisseur de sables avec quelques grès, des argiles subordonnées, et rarement quelques lits minces de lignite impur ; puis viennent des sables marneux, des marnes sableuses et grossières qui forment une espèce de passage aux calcaires plus ou moins marneux qui les recouvrent. Ces marnes sableuses renferment des blocs de grès à cassure terreuse ou lustrée, selon que leur ciment est argilo-marneux ou purement siliceux.

Ces roches sont loin de former un ensemble régulier ; peut-être n'existe-t-il pas une seule localité où toutes se trouvent réunies, presque toujours il en manque plusieurs ; quelquefois l'une d'elles prend un développement suffisant pour remplacer toutes les autres, ou se représente à plusieurs hauteurs différentes ; enfin l'ordre de superposition indiqué plus haut est souvent interverti. Chaque nature de roche joue dans l'ensemble du terrain d'argile plastique le rôle de couches subordonnées très-variables en nombre et en épaisseur.

Les corps organisés qui accompagnent l'argile et les lignites paraissent en général avoir vécu dans les eaux douces ; les coquilles qui appartiennent aux sables inférieurs sont au contraire marines ou d'embouchure, et vers le contact il y a souvent alternance et même mélange. Les sables inférieurs à coquilles marines se trouvent rarement au-dessous du calcaire lacustre ; on les a, il est vrai, traversés par des sondages dans la vallée de la Seine; mais probablement à une faible distance des limites souterraines du groupe du calcaire grossier.

Le désordre apparent qui règne dans les matériaux divers qui composent le terrain d'argile plastique, leur nature, leurs alternances et celle souvent répétée, ou même le mélange des débris d'animaux marins ou fluviatiles, tout paraît indiquer une formation littorale, déposée à l'embouchure de vastes lacs ou du lit d'un grand fleuve, à la rencontre des eaux salées et des eaux douces.

Un assez grand nombre de substances minérales se rencontrent dans ces couches diverses, surtout dans les sables pyriteux et dans les couches argileuses qui les recouvrent. On y a trouvé, en cristaux, du gypse, de la strontiane sulfatée, de la webstérite, du fer carbonaté, phosphaté, du fer oxydé hydraté en rognons et en petites couches, et du succin.

Les argiles de cette formation sont employées dans les arts; on en fait des poteries de diverses espèces, de la faïence, des tuiles, des briques, des carreaux assez réfractaires. Les lignites et les terres pyriteuses peuvent être employés avec avantage pour l'amendement du sol. La présence des lignites a plus d'une fois fait croire à la présence de la houille, et, sur ces indices trom-

peurs, l'on a entrepris de coûteuses recherches ;
mais une expérience chèrement acquise ne doit
pas être perdue, et il n'est plus permis de com-
mettre à l'avenir de semblables méprises.

DEUXIÈME GROUPE, ou groupe du calcaire grossier.

Le second groupe repose habituellement sur le
premier et rarement sur la craie. On peut y distinguer trois subdivisions.

1re Subdivision. — Calcaire grossier inférieur, ou calcaires sableux.

Cette assise, fort étendue, a des caractères un
peu variables ; ordinairement elle est formée de
sables quartzeux à gros grains inégaux, plus ou
moins mélangés de points verts, inégalement
agglutinés par un ciment calcaire, dont l'aspect
est quelquefois cristallin. Quand le ciment domine,
la roche passe à une sorte de poudingue ou au
grès calcaire, et même au calcaire grenu, et peut
devenir fort solide. Des rognons irréguliers plus
compactes et plus durs, qui résistent aux influences atmosphériques, forment souvent, au milieu des sables calcaires désagrégés, des cordons
en saillie qui ont quelque analogie de forme avec
les silex de la craie.

La manière d'être de cette assise la rapproche
donc en même temps des sables qu'elle recouvre
et des calcaires dont elle est recouverte ; mais elle

paraît avoir avec ceux-ci des rapports plus intimes.

Cette couche s'amincit à mesure qu'on s'avance vers le sud, vers le nord au contraire elle est très-puissante.

Quand la roche est à grain fin et consistante, elle fournit des pierres de taille de très-grandes dimensions, fort recherchées pour les constructions importantes.

2e Subdivision. — Calcaires grossiers.

Cette subdivision comprend un grand nombre de bancs calcaires séparés par de petits lits de marnes. Ces bancs ont une épaisseur variable, souvent même quelques-uns disparaissent par amincissement; mais ils conservent toujours le même ordre de superposition relative, et l'on peut quelquefois suivre certains d'entre eux, même les moins épais, à d'assez grandes distances. Tel est celui que les carriers désignent sous le nom de *banc vert*, telles sont encore les couches marno-sableuses inférieures au banc vert, dans lesquelles on trouve des empreintes végétales charbonneuses qui parfois passent à de véritables lignites; et certaines couches plus élevées qui renferment des silex cornés ou pyromaques.

La partie inférieure de cette assise se compose de bancs nombreux et ordinairement peu épais de calcaires solides et sableux; la partie supérieure, de marnes en lits très-minces qui séparent des couches calcaires épaisses et solides. Parmi ces dernières se trouvent les bancs connus des carriers sous le nom de roche.

Cette assise calcaire est bien développée vers le nord. Vers le sud-est, elle s'amincit et disparaît presque brusquement sous les terrains qui la recouvrent.

Des puits naturels verticaux traversent souvent ces bancs calcaires, leur largeur varie depuis quelques décimètres jusqu'à deux mètres. Dans le même canton ils s'arrètent ordinairement à la même couche ; mais communiquent inférieurement à de petits boyaux irréguliers horizontaux qui suivent les joints de la stratification. Ces puits et ces conduits sont ordinairement remplis d'une argile rouge, maigre et sableuse, très-ferrugineuse, qui enveloppe des cailloux plus ou moins roulés ; on trouve quelquefois sur leurs parois de petites incrustations calcaires également ferrugineuses.

Ces puits débouchent ordinairement à la surface du sol et les débris qu'ils renferment se raccordent avec la terre rouge répandue sur cette surface. Quelquefois aussi ils ne percent pas les couches supérieures et commencent tous au même niveau. Ils paraissent alors communiquer par le haut à des conduits horizontaux analogues à ceux qui ne se retrouvent ailleurs qu'à leur partie inférieure. Les parois de ces puits naturels, celles des conduits allongés dans le sens de la stratification, auxquels ils communiquent, semblent usées par un courant d'eau, et par le frottement des matières qu'il a pu entraîner.

Toutes les couches solides de cette assise sont exploitées pour servir de moellons ou de pierres de taille, et quelques-unes d'entre elles, notamment la roche, en fournissent de très-estimés.

On trouve dans les deux subdivisions du calcaire grossier un grand nombre de corps organisés fossiles qui tous ont une origine marine, à l'exception de quelques végétaux associés parfois à des coquilles d'eau douce et qui forment un banc mince intercalé vers la partie supérieure du calcaire grossier.

3e Subdivision. — Marnes fragmentaires.

Les marnes qui, vers la partie supérieure de l'assise précédente, alternent avec les bancs calcaires deviennent bientôt dominantes, et prennent de nouveaux caractères. Elles sont dures, fragmentaires, fragiles, à cassure compacte, et pénétrées d'infiltrations siliceuses; ou tendres, friables, douces au toucher et contenant une forte proportion de magnésie. Cette dernière variété se trouve ordinairement à la partie supérieure de cette assise, et dans le voisinage des sables moyens.

Au milieu de ces couches on trouve aussi de petits lits de sable et de quartz carié, cristallisé, et des silex cornés en plaques horizontales.

On rencontre dans cette formation des cristaux de quartz bipyramidés de chaux fluatée et des cristaux pseudomorphiques de quartz et de chaux carbonatée qui ont remplacé du gypse lenticulaire. Enfin, la chaux carbonatée s'y trouve très-communément en rhomboèdres inverses.

Ces marnes calcaires n'ont pas d'emploi dans les arts; on les exploite seulement pour mettre à découvert les couches inférieures. Quelques variétés siliceuses donneraient peut-être d'assez bonne chaux par la cuisson.

Ces marnes sont remarquables parce qu'elles séparent deux formations marines et qu'elles paraissent s'être au moins en partie déposées dans des eaux douces. Plusieurs bancs en contiennent des coquilles, et l'on voit quelquefois, au milieu d'une marne feuilletée et incohérente, des rognons lenticulaires d'un calcaire très-dur, à cassure compacte et un peu esquilleuse, bien reconnaissable pour du calcaire d'eau douce

Cette assise marneuse ne paraît pas d'ailleurs s'être formée d'un seul jet et d'une manière continue. On rencontre quelquefois en effet à la jonction de certaines couches des cavités produites dans l'assise inférieure par des coquilles perfo-

rantes, et remplies ensuite par des infiltrations siliceuses semblables à celles qui pénètrent l'assise
supérieure (Saint-Maur, Sèvres, etc.).

Cette assise est composée de sables et de grès
siliceux ou calcaires, et de quelques couches calcaires ; elle repose sur les marnes fragmentaires
du groupe du calcaire grossier.

Vers le contact, on voit quelquefois alterner
plusieurs petites couches de sable et de marne ; le
passage se fait le plus souvent d'une manière brusque et tranchée. Les ondulations de la ligne de
jonction sont même assez souvent différentes de
celles des couches de marne ; et cette ligne est nettement marquée par un filet de sable ferrugineux.

Dans la région du nord les sables sont principalement siliceux ; ils atteignent une grande puissance : au moins trente mètres. Vers le sud, au
contraire, ils se réduisent à deux et trois mètres
d'épaisseur ; ils sont en général plus calcaires, et
prennent souvent une légère teinte verdâtre.

L'élément calcaire est ordinairement abondant vers la partie supérieure de cette assise.
L'on y trouve des sables ou des grès calcaires souvent très-coquillers, quelquefois même des couches subordonnées de pierre calcaire comparables à certains bancs du calcaire grossier.

Les sables passent fréquemment à des grès de consistance variable; calcaires et friables, ou purement siliceux, à cassure lustrée, et excessivement durs : ceux de la seconde variété forment des masses irrégulières, aplaties et allongées dans le sens de la stratification, et isolées au milieu des sables; ceux de la première, des bancs étendus subordonnés à ces sables, et dont la stratification et le lit sont quelquefois très-prononcés.

Les sables renferment souvent une très-grande quantité de silex gris roulés de diverses grosseurs, et l'on y trouve quelques galets calcaires percés par des coquilles lithophages. Les silex se rencontrent aussi enveloppés dans les grès; quand ils sont engagés dans la variété à pâte siliceuse et à cassure lustrée, leur surface paraît rugueuse et dépolie comme si elle avait éprouvé l'action d'un dissolvant.

Les grès de cette assise fournissent d'excellents matériaux de pavage, et sont exploités dans un grand nombre de localités.

Les corps organisés sont très-répandus dans cette formation, ils sont tous d'origine marine.

QUATRIÈME GROUPE, ou groupe du calcaire lacustre inférieur.

Les couches qui composent ce groupe reposent généralement sur celui de l'argile plastique ou sur celui des sables moyens.

On a déjà indiqué l'espèce de passage qui paraît lier les marnes du calcaire lacustre inférieur aux sables marneux de l'argile plastique. Quand ce calcaire repose sur les sables moyens, la transition est brusque ou se fait par l'alternance de deux ou trois lits de sables ou de calcaires grenus avec autant de lits de marnes d'eau douce ou de calcaire compacte ordinairement en rognons discontinus. Il n'est pas rare non plus de trouver à la partie supérieure des sables, ou vers le bas des calcaires, et sur une petite épaisseur, un mélange de coquilles terrestres, d'eau douce et marines.

Les couches alternantes sont ordinairement fort minces et peu étendues; elles finissent en pointe, de sorte qu'à quelque distance on retrouve entre les deux roches superposées un contraste net et tranché.

Dans plusieurs localités le groupe des sables moyens n'est pas observable : le groupe du calcaire d'eau douce inférieur reposerait alors directement sur les marnes du calcaire grossier, et la grande analogie de caractères que présentent les deux roches rendrait assez difficile d'établir entre elles une démarcation bien tranchée; mais il est peu probable que les sables moyens manquent absolument; il est présumable au contraire qu'ils sont seulement fort amincis et qu'ils ne peuvent être observés faute de coupes assez complètes.

Ce groupe du calcaire lacustre joue, par sa puissance et par son étendue, un rôle important dans l'étage tertiaire inférieur. Ses deux premières subdivisions sont parfaitement suivies presque jusqu'aux limites extrêmes de la formation : la troisième et la quatrième au contraire finissent irrégulièrement en pointe sur la seconde.

1re Subdivision. — Travertin inférieur. — Gypse en amas subordonnés.

A la partie inférieure de cette assise se trouvent, au même niveau, des roches qui diffèrent cependant par leurs caractères minéralogiques. Dans certaines localités, elles sont composées de calcaires marneux, et de calcaires compactes, durs, quelquefois bréchiformes et pénétrés d'infiltrations spathiques ou même siliceuses, et se présentant en couches, souvent assez puissantes, associées à de petits bancs de silex cornés ou résinites.

Ces calcaires, exploités comme pierre à chaux ou à bâtir, sont ordinairement criblés de cavités irrégulières et sans issue, et surtout de tubulures tortueuses dont la direction est à peu près perpendiculaire à la stratification.

Dans d'autres localités, au contraire, on ne trouve que des calcaires marneux, ou des marnes en couches minces et multipliées, qui renferment

de vastes amas de gypse, de petits lits de magnésite, des silex cornés et ménilites et de petits nodules d'agate mamelonnée.

Entre ces diverses natures minéralogiques, qui
paraissent appartenir au prolongement de mêmes
couches, il existe nécessairement et l'on observe
en effet des passages insensibles.

L'état marneux des roches du travertin inférieur paraît dû au voisinage du gypse et en dé-
note la présence. Quand les amas ont peu de puissance, ou quand ils commencent à s'amincir dans
le voisinage de leurs limites, l'on trouve vers le
bas de l'assise, et par conséquent au-dessus du
niveau du gypse, des calcaires marneux ou compactes en couches minces avec des silex cornés
en lits ou en rognons. Il n'y a pas de motifs suffisants pour regarder cet ensemble de couches
comme une subdivision constante et particulière
du travertin inférieur; on voit souvent en effet de
petits lits de gypse, subordonnés au milieu des
calcaires, descendre presque jusqu'au contact des
sables moyens, et d'un autre côté, quand le gypse
manque, on observe un passage insensible entre
les calcaires inférieurs et des couches de même
nature qui s'élèvent jusqu'aux glaises vertes; il est
alors impossible d'établir dans la masse entière
aucune subdivision motivée.

Le gypse se trouve au milieu des marnes,

en couches minces, qui finissent en pointe, et
se terminent par des filets gypseux ou par des
chapelets de rognons discontinus.

Il existe de petits lits de gypse isolés, mais il
est rare qu'on ait l'occasion de les observer. Le
plus souvent ils sont associés en grand nombre,
les marnes qui les séparent ne forment plus
qu'une petite portion de la masse; et ces ensembles de couches gypseuses, qui toutes ont à peu
près la même étendue, et s'amincissent vers la
même distance d'un centre commun, constituent
de véritables amas lenticulaires, et remplacent
souvent une grande partie des couches du travertin inférieur au milieu desquelles ils se trouvent
intercalés.

Quoique ces amas n'aient pas le caractère d'une
formation régulière et continue, ils présentent
cependant, dans leur structure générale, une assez grande uniformité de composition; et l'on
peut distinguer plusieurs couches, soit de gypse,
soit de marnes, qu'on retrouve à d'assez grandes
distances dans la même position relative.

Beaucoup de ces amas sont partagés en deux
masses distinctes par une épaisseur variable de
marnes interposées. La masse inférieure est généralement composée de couches plus cristallines
associées à beaucoup de couches de marnes. La
masse supérieure, habituellement plus puissante,

est moins divisée par les couches marneuses. Le niveau qu'occupe le gypse dans le travertin inférieur est variable ; quelquefois il est presque complétement en contact avec le groupe des sables moyens, d'autres fois il en est séparé par une grande épaisseur de calcaires et de marnes. Une moindre irrégularité se remarque dans l'épaisseur des couches marneuses et calcaires qui le séparent des marnes jaunâtres et des glaises vertes ; et l'on ne le voit jamais en contact avec elles.

Toutes les fois qu'on a ouvert de grandes tranchées dans les couches minces et multipliées des marnes du travertin inférieur ou du gypse, on a eu l'occasion d'observer que ces couches sont quelquefois pliées et comme froncées d'une manière remarquable. Quand ces plissements sont accompagnés d'un abaissement local, on peut croire qu'ils sont dus à des affaissements causés par la dissolution partielle de quelques couches gypseuses ; mais s'ils sont au contraire produits par un exhaussement, il faut y reconnaître les effets d'un mouvement général des couches déjà solidifiées : d'où résulte pour leur ensemble une courbure faible et générale ; et pour les couches intérieures à la concavité un plissement, résultat inévitable du rapprochement de leurs extrémités.

Les dépôts gypseux sont tous compris dans une large bande dirigée du sud-est au nord-ouest, et il est remarquable que ceux qui sont alignés dans cette direction ont à peu près la même structure.

Dans l'axe de ce bassin, les amas sont très-épais; ils se montrent et on les exploite au pied de toutes les collines : ils semblent avoir formé une nappe peu interrompue, quoique fort irrégulière dans son épaisseur. Vers le nord-est et vers le sud-ouest, au contraire, elle s'amincit, et présente de nombreuses solutions de continuité.

Au nord du département, il existe tout à fait à la base du travertin inférieur des couches de marnes argileuses souvent verdâtres. Ces couches se retrouvent dans des localités assez éloignées, elles ne sont remarquables que parce qu'elles retiennent les eaux et produisent un niveau de sources assez général.

Indépendamment des diverses variétés de quartz déjà citées qui se rencontrent dans le travertin inférieur, on y a trouvé diverses matières minérales :

Le gypse à l'état cristallisé, saccharoïde ou compacte; il renferme quelquefois des rognons de silex blonds, et de très-petits cristaux de quartz hyalin bipyramidé ;

La chaux carbonatée, cristallisée et concrétionnée ;

La strontiane sulfatée, terreuse et cristallisée;

4.

Du manganèse oxydé, en dendrites et en très-petits mamelons;

Du soufre concrétionné, qui est quelquefois associé au gypse;

De la magnésite en petits lits, dans les marnes calcaires.

2e Subdivision. — Marnes et glaises vertes.

Des marnes recouvrent le travertin inférieur, et forment un passage des glaises vertes soit aux bancs calcaires et solides qui composent toute la masse, soit aux marnes incohérentes qui avoisinent et recouvrent les amas de gypse.

Ces marnes sont ordinairement blanches et incohérentes, douces au toucher; elles passent ensuite à des marnes jaunâtres, un peu feuilletées, souvent coquillères, lesquelles passent à leur tour à des glaises vertes plus ou moins marneuses. L'ensemble de ces premières couches est toujours assez mince, et ne tient pas une place bien importante dans la série des assises tertiaires; ses caractères sont d'ailleurs un peu variables. On y trouve des rognons de strontiane sulfatée.

Les argiles vertes, au contraire, forment au milieu du quatrième groupe un niveau géologique remarquable par son étendue et par sa généralité. Ce banc est d'ailleurs bien facile à dis-

tinguer par ses caractères extérieurs et surtout
par sa couleur tranchante, qu'il conserve dans
presque toute son étendue. La puissance de ces
argiles est ordinairement de quatre à cinq mètres,
à la partie supérieure elles deviennent presque
toujours grises et feuilletées.

Les glaises vertes renferment fréquemment des
rognons géodiques, calcaires et strontianens, ta-
pissés intérieurement de cristaux de chaux carbonatée et de strontiane sulfatée.

Les glaises servent partout à faire des briques,
des tuiles et des carreaux, de la poterie et même
de la faïence commune.

Des marnes blanchâtres, incohérentes et douces
au toucher, sans stratification distincte, succèdent aux glaises vertes, et ordinairement alternent vers le bas avec celles-ci. Ces marnes blanches ont quelquefois deux à trois mètres de
puissance, le plus souvent quelques décimètres;
quelquefois elles manquent complétement. Elles
forment seulement passage à un ensemble de couches calcaires plus développé qui constitue le
travertin supérieur.

3e Subdivision. — Travertin supérieur.

Ce travertin est quelquefois à l'état de marnes calcaires blanches, qui renferment de petits lits très-minces ou des rognons aplatis et

discontinus de calcaire dur et compacte à cassure esquilleuse; d'autres fois il est composé de calcaires en masses ou en couches régulières et bien développées qui atteignent jusqu'à six mètres de puissance.

Ces marnes ou ces calcaires renferment des silex pyromaques et cornés en rognons isolés, ou des silex cariés et compactes qui se fondent dans le calcaire. Quelquefois les calcaires eux-mêmes sont pénétrés d'infiltrations spathiques et siliceuses, et de calcédoine formant des géodes tapissées de cristaux de quartz.

Ces silex cariés et ces calcaires pénétrés de silice passent souvent à de véritables meulières qui forment des lits réguliers dans les marnes.

Les marnes de cette assise sont employées pour l'amendement des terres, les calcaires fournissent des moellons et de la pierre à chaux.

4e Subdivision. — Argiles à meulières inférieures.

La formation des meulières inférieures est composée de quartz cariés en fragments disséminés au milieu d'argiles, plus ou moins sableuses, grises, rougeâtres, jaunes, ou quelquefois verdâtres.

Les meulières sont ordinairement dispersées un peu confusément dans les argiles; quelquefois elles forment des bancs assez réglés, mais rompus et comme disloqués.

Les argiles et les meulières recouvrent tantôt le travertin supérieur, tantôt les glaises vertes. Ce dépôt, quoique très-général, n'est pas continu, il est interrompu par de grandes étendues où l'argile qui le caractérise n'existe pas, et où les calcaires siliceux et cariés qui se trouvent à la surface du sol sont enveloppés de marnes et appartiennent évidemment au travertin supérieur.

Les meulières de cette assise sont d'un très-bon emploi dans les constructions et fournissent pour la fabrication des meules des matériaux que nuls autres n'ont pu encore remplacer avec le même avantage.

On rencontre dans les différentes subdivisions du calcaire lacustre supérieur des débris d'êtres organisés qui tous ont appartenu à des espèces terrestres ou vivant dans les eaux douces. Il n'existe de mélange entre des espèces lacustres et marines qu'aux limites extrêmes de la formation ; d'un côté au contact des sables moyens, de l'autre dans le voisinage des marnes coquillères et sableuses situées à la base de l'étage tertiaire moyen. Cette circonstance s'accorde d'ailleurs avec les alternances citées à la jonction des formations superposées. Le travertin supérieur et les meulières inférieures renferment quelquefois une très-grande quantité de fossiles d'eau douce, on n'en a jamais rencontré d'aucune espèce dans les argiles qui les enveloppent.

ÉTAGE TERTIAIRE MOYEN.

Les couches qui composent l'étage tertiaire moyen dépassent de beaucoup, vers l'ouest du département de Seine-et-Oise, les limites géographiques de l'étage inférieur; elles recouvrent alors directement la craie. Le bassin dans lequel se déposaient les roches tertiaires a donc éprouvé à cette époque un changement de niveau presque général, et cette extension suffirait à elle seule pour établir une séparation naturelle entre les couches superposées.

Vers le sud du même département, on trouve à la base de l'étage tertiaire moyen, des couches qui renferment beaucoup de matériaux remaniés, des galets de silex, de la craie, de petits fragments plus ou moins arrondis de calcaire d'eau douce siliceux, et de meulières, et la même meulière en gros blocs. Ces premières couches qui reposent habituellement sur le travertin supérieur, se trouvent aussi quelquefois en contact avec les glaises vertes. Elles remplissent alors des cavités plus ou moins larges dans les dernières assises du calcaire lacustre inférieur. Celles-ci étaient donc déjà solidifiées, leur surface avait même été sillonnée avant ou pendant le premier dépôt appartenant à l'étage tertiaire moyen. Elles pouvaient déjà lui fournir des matériaux remaniés. Il y a donc solution de continuité complète entre les terrains superposés.

Les caractères minéralogiques des roches présentent d'ailleurs des différences qui ne sont pas moins tranchées, il en est de même des caractères zoologiques; et cet ensemble d'inductions concordantes motive la division établie entre les deux premiers étages.

PREMIER GROUPE, ou groupe des sables supérieurs.

1re Subdivision. — Marnes sableuses.

Des marnes calcaires se trouvent ordinairement à la base de l'étage tertiaire moyen. Ces premières assises se présentent avec des caractères minéralogiques un peu variables, mais leur ensemble est toujours facilement reconnaissable; il est remarquable d'ailleurs par la grande quantité de corps organisés fossiles qu'il renferme.

Les marnes jaunâtres sont quelquefois à grain fin et compactes, d'autres fois elles sont feuilletées, sableuses, et presque incohérentes; enfin un calcaire à texture grossière, exploitable comme moellon, forme quelquefois dans ces marnes un ou plusieurs bancs subordonnés.

Ce calcaire à cassure terreuse se trouve souvent en contact avec le travertin supérieur, on le voit même alterner quelquefois avec les derniers bancs de ce calcaire compacte et siliceux, entre lesquels il est intercalé. Cet enchevêtrement modifie ordinairement vers le contact les caractères pétrographiques des roches superposées, et établit entre elles un véritable passage. Cette particularité n'est pas rare au sud du département, elle tient peut-être au voisinage des limites extrêmes de l'étage inférieur, qui, dans cette partie, ne s'éloignent pas beaucoup des bords du bassin où se sont déposés les sables supérieurs. L'assise sableuse s'amincit rapidement, et n'est bientôt plus représentée que par une faible épaisseur de sables calcaires coquillers dont la stratification est ordinairement prononcée; ces caractères sont ceux d'une formation littorale, et en effet les sables ne dépassent pas vers le sud la limite du département.

Vers le nord du département les couches marno-sableuses manquent complétement, et le sable siliceux repose directement ou sur le travertin supérieur, ou sur les meulières inférieures.

2ᵉ Subdivision. — Sables siliceux. — Grès à la partie supérieure
des sables.

Les sables supérieurs forment presque partout une assise puissante, ils sont quartzeux, blancs ou de couleur jaunâtre, micacés; on y trouve quelquefois des silex roulés de différentes couleurs disposés par lits à peu près horizontaux. Ces silex se sont quelquefois altérés, et les galets sont revêtus d'une enveloppe farineuse; la transformation pénètre jusqu'au centre des moins volumineux, les autres conservent un noyau indécomposé.

L'assise sableuse changerait complétement de nature vers la limite nord-est du département, s'il était démontré qu'un petit nombre de monticules qui s'y rencontrent appartinssent véritablement à cette assise. Mais la composition de ces ilots sableux ressemble bien plus à celle du diluvium des plateaux dont rien ne les distingue. Le contraste est complet au contraire, quand on les compare à une colline éloignée seulement de 12 kilomètres, à la colline de Douë, où l'assise sableuse est entière et possède tous ses caractères habituels.

Les éminences de nature douteuse sont formées de sable argileux très-ferrugineux, qui enveloppe du minerai de fer en grains quelques blocs de grès ferrugineux, et enfin vers la partie supérieure quelques meulières fossilifères qui paraissent avoir appartenu au terrain de meulières supérieures. La nature argileuse et ferrugineuse des sables, celle du minerai de fer disséminé dans toute leur masse, et qui laisse un résidu argileux par sa dissolution dans les acides, enfin le mélange intime des deux formations de sables et de meulières si nettement séparées partout ailleurs; tels sont les caractères inaccoutumés qui peuvent faire penser que ce terrain superficiel n'est autre chose qu'un amas de matériaux remaniés sur place.

Les grès se trouvent rarement en blocs isolés au milieu des sables, mais très-habituellement vers leur partie supérieure; ils y forment quelquefois de petits rognons de formes bizarres et de diverses grosseurs, ou des blocs irréguliers, mamelonnés, aplatis et quelquefois si étendus dans le sens horizontal, qu'on les prendrait pour des bancs continus. Leur épaisseur est variable, et comprise entre deux surfaces très-contournées et très-irrégulières.

Ces grès sont très-inégalement agrégés, très-rarement par des infiltrations calcaires, et presque toujours par un ciment siliceux quelquefois assez abondant pour leur communiquer un aspect lustré dans la cassure.

Quelquefois on trouve, à la partie supérieure de ces grès siliceux, des bancs minces de grès p'us tendres, un peu stratifiés, à ciment ferrugineux, couleur de rouille ou noirâtres; ils renferment alors du manganèse. On y a même reconnu une très-petite quantité d'oxyde de cobalt. Les grès ferrugineux peuvent devenir de véritables minerais de fer hydroxydé sablonneux.

Des traces d'êtres organisés se rencontrent très-rarement dans les grès, cependant il existe au sommet de Montmartre de petits blocs qui conservent l'empreinte d'une grande quantité de coquilles.

On a souvent distingué dans l'assise des sables deux étages, l'un inférieur micacé, l'autre supérieur sans mica; mais cette division n'a rien de général, et le mica paraît, suivant les localités, répandu indifféremment dans toute la masse. Une autre division, fondée sur la couleur différente des sables de la masse inférieure et supérieure, ne semble pas mieux motivée; il est assez probable que la coloration des sables est due en partie à des infiltrations ferrugineuses postérieures à leur dépôt, et qu'elle dépend de la présence des argiles ferrugineuses qui enveloppent les meulières. On voit presque toujours en effet la masse sableuse complétement blanche dans toute sa hauteur, quand elle est recouverte et protégée par une assez grande épaisseur de calcaire.

La présence des galets, du mica et des coquilles au milieu des sables, indique d'une manière probable leur origine purement mécanique. Quant aux grès, ils paraissent produits par des infiltrations siliceuses; et leur forme irrégulière en blocs arrondis et tuberculeux tendrait à appuyer cette manière de voir. Des infiltrations calcaires dues à la présence du calcaire lacustre supérieur au-dessus du sable, ont produit les cristallisations de chaux carbonatée quartzifères qu'on rencontre dans la forêt de Fontainebleau et dans un petit nombre d'autres localités.

Tous les êtres organisés dont on a trouvé les débris dans les deux subdivisions de cette assise, ont dû vivre au sein des eaux marines.

Les grès de cet étage sont exploités comme matériaux de pavage. Les variétés les plus siliceuses et les plus dures font le meilleur usage; mais rarement la roche possède ces qualités au même degré que certaines variétés qui se rencontrent dans le groupe des sables moyens.

DEUXIÈME GROUPE, ou groupe du calcaire lacustre supérieur.

Le calcaire lacustre supérieur repose directement sur les sables; la transition est brusque et tranchée. Une ou deux couches très-minces de marnes sableuses recouvrent un sable purement quartzeux, et sont recouvertes de bancs purement calcaires. La surface de séparation n'est pas toujours régulière, quelques dépressions à la surface des sables sont quelquefois remplies par le calcaire, et le contact des deux roches peut se montrer à des niveaux différents de chaque côté de certaines vallées.

Une multitude de couches, assez ordinairement minces, de calcaire dur et compacte ou marneux composent cette assise. Au milieu de ces couches se trouvent des lits de quartz compacte et carié, qui semblent comme fondus dans les calcaires ; ceux-ci sont souvent pénétrés d'infiltrations siliceuses et criblés de tubulures.

On rencontre quelquefois dans les marnes calcaires de petits lits de matières charbonneuses où il est facile de distinguer des débris végétaux ; on y voit aussi des troncs de plantes ligneuses transformés en silex.

Cette assise n'existe qu'au sud, sur le prolongement du plateau élevé qui forme les plaines calcaires de l'arrondissement d'Étampes. Vers le nord on en trouve seulement quelques restes au sommet de plusieurs mamelons isolés. Il n'y a plus d'ailleurs dans toute cette région de calcaires en couches, mais seulement des argiles marneuses qui enveloppent quelques silex compactes ou cariés et des rognons tuberculeux de calcaire siliceux très-dur. Cette association du calcaire siliceux en rognons et des meulières dans les mêmes argiles, se voit aussi dans le département de Seine-et-Oise. Elle ne se rencontre guère qu'aux limites du calcaire lacustre supérieur; ou dans les localités où ce calcaire existe encore en lambeaux discontinus au-dessous du terrain de meulières. Il est probable par conséquent que le calcaire lacustre se terminait vers le nord du département. L'on trouve d'ailleurs dans la région intermédiaire ce calcaire bien caractérisé au sommet de deux collines élevées.

Parmi les couches très-nombreuses de marnes qui constituent le calcaire lacustre supérieur, il en est plusieurs qui retiennent les eaux. Une assise de marnes argileuses un peu verdâtres se trouve ainsi vers la base des collines qui dominent les plaines du canton de La Chapelle-la-Reine, et, dans plusieurs localités, donne naissance à de petites sources.

Ces bancs argileux n'existent pas partout; ils paraissent subordonnés dans la masse calcaire, et ne sont peut-être pas situés toujours à la même hauteur. Il est douteux par conséquent qu'on puisse établir des divisions bien motivées dans l'assise puissante du calcaire lacustre supérieur.

Les débris organisés conservés dans cette formation prouvent que le calcaire lacustre a dû, comme son nom l'indique, se déposer au fond des eaux douces.

Le calcaire lacustre supérieur fournit de la pierre de taille ordinairement de médiocre échantillon, et souvent gélive, du moellon, de la pierre à chaux ; quelques bancs siliceux pouraient être exploités comme pierre à meules.

MEULIÈRES SUPÉRIEURES. — ARGILES A SILEX.

Le terrain des meulières supérieures se compose d'argiles de diverses nuances, bleuâtres, grises, rouges, etc., amaigries par leur mélange avec un sable grossier et ferrugineux. Quelquefois ces argiles sont associées et non confondues avec des sables composés de grains inégaux de quartz blanc et translucide et mélangés de mica. Ces sables sont souvent teints par l'oxyde de fer en couleur de rouille et de lie-de-vin. Des argiles blanches ou bigarrées des mêmes couleurs forment au milieu d'eux des nids irréguliers.

Ces matières diverses enveloppent des fragments de meulières déposés confusément et sans ordre, qui sont ordinairement aplatis et semblent avoir appartenu à des bancs réguliers.

Ces fragments ont d'ailleurs tous les caractères du squelette que laisseraient, après la destruction de leur enveloppe, les différentes variétés de silex

qui se trouvent dans les marnes ou dans les cal
caires de l'assise lacustre supérieure; ils renferment les mêmes corps organisés.

On trouve avec les meulières et dans les mêmes
argiles du minerai de fer en grains isolés ou agrégés de manière à former des blocs d'une espèce
de poudingue. Ces minerais sont disséminés ou
accumulés par places; ils remplissent des poches
dans l'argile; ordinairement ils sont manganésifères et l'on observe dans les mêmes gise-
ments de petites concrétions d'oxyde de manganèse.

Enfin l'on rencontre, comme on l'a déjà dit,
dans un petit nombre de localités et probablement vers les limites de la formation lacustre
supérieure, des meulières plus ou moins calcaires
associées à des meulières purement siliceuses.

Le terrain de meulières n'a tout son développement que dans une partie du département
de Seine-et-Oise, et c'est là qu'il faut étudier ses
rapports avec les formations inférieures.

Il recouvre les sables de l'étage moyen, s'étend
sur des débris discontinus de calcaire lacustre
supérieur ou sur la surface de ce calcaire deve-
nue inégale et très-irrégulière, par la destruction
partielle de ses assises marneuses. Il n'y a entre
ces deux terrains ni liaison ni rapports, mais
plutôt opposition et discordance de stratification.

Peut-être existe-t-il entre eux une véritable solution de continuité.

Le terrain des meulières supérieures fait d'ailleurs exception à la disposition générale des couches tertiaires en superposition transgressive; il finit vers le sud bien avant le calcaire d'eau douce, qu'il recouvre; et le dépasse au contraire de beaucoup vers le nord : double opposition à la manière d'être de toutes les autres couches tertiaires, et nouveau motif de penser que ce terrain ne repose pas en série continue sur le calcaire d'eau douce supérieur.

Dans le nord du département de Seine-et-Marne, on ne trouve les argiles à meulières qu'en lambeaux isolés au sommet d'un petit nombre de collines sableuses; mais il faut probablement rapporter aux meulières supérieures un terrain assez différent qui couronne plusieurs monticules élevés compris entre le Loing et la Seine.

Le terrain de meulières n'est généralement représenté dans l'arrondissement d'Étampes, que par des sables grossiers à grains de quartz blanc micacés, et mêlés d'argile, qui remplissent des excavations et forment comme des îlots isolés au milieu des p'aines du calcaire lacustre supérieur; mais ces sables grossiers et ces argiles paraissent assez caractéristiques, et se lient d'un côté aux matériaux du même genre qui se trouvent dans le grand plateau de meulières de Seine-et-Oise, et de l'autre, dans le département de Seine-et-Marne, au terrain dont il reste à parler maintenant.

Celui-ci se compose des mêmes sables et des mêmes argiles, il recouvre les restes du calcaire lacustre supérieur, ou repose directement sur les sables de l'étage tertiaire moyen; mais les meulières sont remplacées par des silex dont la plupart ont dû appartenir à la craie. Il y a donc lieu de penser que le conglomérat de sables grossiers et argileux avec silex a pu se former en même temps que le conglomérat de sables grossiers et argileux avec meulières; mais avec des matériaux remaniés différents, parce que les roches voisines ou sous-jacentes étaient dissemblables.

Les silex sont noirs, gris, jaunes, et quelquefois d'un rose foncé; ils ne sont pas roulés, mais leur surface paraît à demi polie par un frottement. Ils ne diffèrent pas d'ailleurs des silex qu'on trouve quelquefois, comme on le dira plus loin, dans un terrain diluvien, à la surface de certaines plaines; mais la nature du milieu qui les enveloppe n'est pas la même, et le sable argileux diluvien à grains fins qui paraît composé presque uniquement des débris des sables supérieurs ne ressemble nullement aux sables grossiers à petits galets de quartz qui paraissent propres au terrain de meulières.

TERRAINS DILUVIENS.

Plusieurs terrains d'origine diluvienne ne peuvent néanmoins être confondus. Quand leur position est évidemment et constamment différente, il ne peut rester de doute à cet égard. Mais ces dépôts présentent souvent, même dans une situation analogue, de tels contrastes de nature et de manière d'être, qu'il est permis de supposer qu'ils n'appartiennent pas aux mêmes époques, ou qu'au moins les circonstances ont dû totalement changer du commencement à la fin de la période pendant laquelle se formaient des roches aussi dissemblables. Par ce motif on a établi plusieurs divisions, auxquelles d'ailleurs on ne doit peut-être pas attacher une trop grande importance.

Diluvium des plateaux.

Les plaines formées par les deux calcaires lacustres sont à peu près partout recouvertes d'une couche argilo-sableuse qui constitue le sol végétal. Elle renferme des éléments très-divers, et se compose principalement d'une proportion variable d'argile ferrugineuse et de sable qu'on peut séparer par lévigation. Ce sable est presque toujours à grains fins et rappelle complétement les sables supérieurs ; on le trouve quelquefois mélangé de points verts presque indiscernables. Cette masse homogène et sans stratification enveloppe fréquemment des fragments de meulières et de grès bien reconnaissables pour ceux de l'étage tertiaire moyen. Des blocs de grès très-volumineux gisent aussi isolés, ou sur le travertin supérieur ou sur les glaises vertes; ils n'ont probablement pas été roulés, mais sont tombés dans cette position par affouillement. On rencontre encore dans la couche superficielle des minerais de fer en grains ou en rognons de diverse grosseur. Ils y sont disséminés, ou y forment des amas. Ils paraissent provenir des terrains de sables et de meulières. Leur dissolution dans les acides laisse en effet un résidu d'argile ou un sable quartzeux fin, et ces caractères paraissent propres aux minerais des deux formations. Le terrain diluvien enveloppe de plus quelques silex de la craie; ces silex ne se rencontrent que dans un petit nombre de localités; leur surface semble avoir été légèrement polie par un frottement.

De tous les matériaux engagés dans la masse argilo-sableuse, l'on ne voit que les silex qui paraissent être venus d'un peu loin. Les matières les plus ténues elles-mêmes semblent presque toutes empruntées aux roches qui existent ou ont pu exister dans le voisinage. Ainsi, au contact des marnes du travertin supérieur et des glaises vertes, on reconnaît presque toujours dans le diluvium de petits lits irréguliers de marnes ou de glaises remaniées; et, au sud et à l'ouest du département, dans le voisinage des affleurements du terrain d'argile plastique qui limitent le bassin tertiaire, il est facile de retrouver dans la couche superficielle les sables grossiers de cette formation.

Les deux étages de plaines sur lesquelles s'étend le diluvium des plateaux, sont séparés vers le sud par toute la hauteur du gradin formé par les talus des sables supérieurs; mais l'élévation graduelle de toutes les couches tertiaires vers le nord compense bientôt cette différence de niveau. A cause de cette disposition le terrain diluvien a pu s'étendre sur les deux calcaires lacustres en nappe presque continue; et des détritus meubles ou même des roches solides et volumineuses ont pu, venant du nord, et tout en descendant à un niveau plus bas, recouvrir des couches géologiquement plus élevées que celles de leur point de départ.

Terrains remaniés des plaines basses.

Un terrain remanié différent couvre presque partout les plaines basses et ondulées, dont le travertin inférieur forme la base. La surface de ce terrain n'est pas horizontale, mais suit à peu près parallèlement celle des roches sous-jacentes. Il renferme les débris des couches supérieures à celles sur lesquelles il repose, et principalement des marnes et des argiles marneuses remaniées, provenant du calcaire lacustre inférieur; quelquefois des restes des marnes sableuses qui se trouvent à la base de l'étage tertiaire moyen; et enfin, dans le voisinage des affleurements de l'argile plastique, il se compose souvent de galets siliceux et de sables grossiers et argileux. Ces éléments hétérogènes ne sont pas disposés en couches régulières, mais en masses, et quelquefois en petits lits pliés en zigzag, tels qu'ils résulteraient d'un dépôt tumultueux.

Tous ces matériaux constituants du terrain remanié des plaines basses sont peu roulés, et bien peu paraissent avoir été charriés loin de leur point de départ.

TERRAINS DE TRANSPORT DES VALLÉES.

Des terrains remaniés d'une autre nature occupent le fond et les talus des dépressions profondes qui presque toutes donnent encore passage à de grands courants d'eau.

Ils sont en général composés de sables, de graviers, de cailloux roulés, et ces matières meubles enveloppent des roches en blocs énormes, usés et un peu arrondis sur leurs angles, dont on peut quelquefois assigner le point de départ, et qui ont été transportés à des distances considérables.

La manière dont ces terrains sont disposés, les matériaux dont ils se composent attestent qu'ils ont dû être produits par des courants d'eau, souvent très-vastes, et quelquefois torrentiels, dont la direction ne s'éloignait pas beaucoup de celle que suivent moyennement les vallées actuelles.

Ces terrains sont de diverse nature, et il est nécessaire de les distinguer et de les décrire séparément.

1er Terrain de transport. — Dans les vallées de la Seine et de l'Yonne.
Dans la vallée du Loing. — Dans la vallée de la Marne.

Un terrain de cailloux roulés occupe en général le fond des vallées : mais presque partout il s'élève bien au-dessus de leur niveau, et il n'en suit pas tous les contours ; il est ordinairement d'autant plus étendu que la vallée elle-même est plus large et que sa direction moyenne rencontre en aval un barrage plus direct dans la disposition des coteaux. Le terrain de transport s'exhausse à l'approche de ces barrages ; et les eaux torrentielles qui ont charrié les débris dont il se compose, paraissent s'être ouvert une route plus large et plus droite en franchissant les obstacles.

Ce terrain de transport a une composition un peu différente dans les vallées de la Seine, et de l'Yonne, du Loing et de la Marne.

Au-dessus du confluent de la Seine et de l'Yonne, les cailloux roulés de la première vallée ne se composent que de galets jurassiques et de silex de la craie, avec quelques débris de roches tertiaires, principalement de grès, de poudingues et de galets de l'argile plastique. Dans la vallée de l'Yonne on trouve en outre des fragments roulés de granit rose venus par cette voie des montagnes du Morvan. Tous ces matériaux sont confondus ou stratifiés en zigzag; mais vers le confluent, au contraire, leur disposition est assez remarquable; le terrain de transport est quelquefois presque régulièrement stratifié, et ses éléments sont inégalement répartis entre ses différentes assises. Le granit se trouve dans certaines d'entre elles presque à l'exclusion de tous les autres. Il semble donc que ce remblai ne s'est pas formé d'un seul jet, mais par périodes distinctes, pendant lesquelles prédominaient tantôt les matériaux apportés par la vallée de l'Yonne, tantôt ceux charriés par la vallée de la Seine.

Au-dessous du confluent des deux rivières les débris arrachés aux roches tertiaires deviennent très-communs. Le terrain de transport est en général resserré au fond de la vallée, mais il a dû s'élever primitivement bien plus haut que son niveau actuel. On trouve dans les falaises de calcaire lacustre qui bordent la vallée de la Seine, plusieurs excavations remplies d'un sable grossier et d'un gravier que l'on ne peut rapporter qu'au terrain de transport. Ce dépôt est remarquable par sa stratification régulière.

Le terrain de transport de la vallée du Loing se compose de silex de la craie ou de galets arrondis de la formation d'argile plastique, de grès et de débris de poudingues. Plusieurs blocs de ces dernières roches, très-volumineux, se trouvent enveloppés dans le terrain meuble, et embarrassent même le lit de la rivière; beaucoup d'entre eux n'ont sans doute pas été roulés, et n'ont été déplacés que par éboulement.

Le terrain de transport s'élève quelquefois assez haut sur les coteaux du Loing; par exemple, au-dessous de Nemours. Il ressemble complétement aux débris remaniés de la formation d'argile plastique qui recouvrent les plaines basses; et ces deux dépôts se confondent sans qu'il soit possible d'établir de distinction entre eux.

Dans la vallée de la Marne, les débris sont, en général, moins volumineux; les silex de la craie dominent, on trouve peu de galets de roches jurassiques, mais beaucoup de roches tertiaires et des coquilles roulées parfaitement conservées. Le

terrain de cailloux roulés est habituellement recouvert par une alluvion fort épaisse.

2ᵉ Terrain de transport. — Dépôt argilo-sableux. — Terrain de transport
de la plaine de Saint-Denis. — Alluvions anciennes des vallées de second ordre.

On peut observer dans les vallées un second
terrain de transport qui paraît différent du premier. Il est toujours situé à un niveau plus élevé,
et on ne le trouve guère que sur les plateaux qui
s'avancent en forme de caps dans les anses produites par les sinuosités des rivières. Il ne se compose que de cailloux à peine usés, siliceux, enveloppés dans une terre argilo-sableuse rouge, maigre et ferrugineuse.

Ce second terrain de transport ne se voit, dans
la vallée de la Seine, que dans le département de
Seine-et-Oise, où les silex, la terre rouge et le
sable sont ordinairement répandus à la surface du
calcaire marin avec une épaisseur très-variable.

Dans la vallée de la Marne, il est assez développé entre Lagny et l'abbaye de Chelles, et entre
Meaux et Trilbardou, où il recouvre aussi le calcaire grossier.

On trouve ordinairement, au-dessus du terrain
de transport à cailloux siliceux, un dépôt formé
d'un mélange intime d'argile, de sable et de calcaire. Cette masse homogène et sans stratification,

qui ressemble à de véritable limon, paraît na -
logue au loëss; elle se rencontre à peu près dans
la même position que le second terrain de transport, mais à un niveau plus élevé.

Quoiqu'on passe souvent de la masse argilo-sableuse au second terrain de transport par une
transition insensible et qu'il existe entre eux des
rapports intimes, on les voit souvent l'un sans l'autre. Ainsi le dépôt argilo-sableux seul a quelquefois une épaisseur assez grande au pied des coteaux de la Seine et de l'Yonne, avant leur réu-
nion avec le Loing. Il forme aussi quelques amas
dans cette dernière vallée et dans celles du Lunain et de l'Orvanne. Enfin, on le retrouve en divers endroits dans la vallée de la Marne et même
dans celles du Grand et du Petit-Morin.

Les cailloux roulés du fond des vallées sont certainement inférieurs à la terre rouge à silex. Cette
superposition ne se voit nulle part bien clairement
dans le département de Seine-et-Marne; mais les déblais des fortifications de Paris l'ont montrée d'une
manière évidente. D'un côté l'on trouve une quantité de galets jurassiques, de l'autre exclusivement des silex de la craie; il est donc probable que ces deux dépôts contigus sont différents
par l'âge et peut-être par l'origine.

Le second terrain de transport présente, par sa
composition et par l'état de ses silex, une grande

analogie avec le diluvium des plateaux ; l'on n'y a jamais trouvé cependant de fragments de meulières ni de rognons de minerai de fer, et l'on n'a pas cru que la présence de silex remaniés fût assez caractéristique pour identifier deux terrains dont le gisement est assez différent. Dans cette hypothèse, en effet, il resterait à expliquer comment le diluvium a pu couvrir les plaines d'une nappe continue, postérieurement au creusement des vallées, sans laisser de traces dans la plupart d'entre elles.

Un autre terrain distinct des précédents par sa position et par les matériaux qui le composent, se lie très-probablement aux derniers terrains de transport des vallées de la Marne et de la Seine. Il paraît s'être formé quand une période déjà plus calme avait succédé aux phénomènes violents auxquels les premiers doivent leur origine. Il est composé de sables grossiers hétérogènes, mêlés de fragments roulés des roches environnantes, de marne et de limon. Un dépôt de ce genre occupe la partie basse de la plaine entre Claye et Saint-Denis, et indique l'existence probable d'une ancienne communication marécageuse maintenant interrompue entre la Marne et la Seine. Les déblais du canal de l'Ourcq l'ont traversé dans la forêt de Bondy. Les limites de ce dépôt sont d'ailleurs difficiles à saisir parce qu'il

se confond, vers ses bords, avec le terrain remanié qui couvre les roches en place, dans presque
toute l'étendue de cette plaine. On y a trouvé des
ossements d'espèces animales perdues.

Ces graviers, ces marnes et ce limon ont beaucoup de rapports avec les alluvions anciennes qui
occupent le fond des vallées du second ordre.
Ces alluvions sont moins caractérisées que le terrain de transport violent qu'on observe dans les
vallées principales; et, comme elles sont composées d'éléments moins grossiers, elles se confondent le plus souvent avec les atterrissements
ordinaires; et les alluvions récentes les masquent
presque toujours complétement. Il n'est pas rare
cependant que dans les vallées à fond large et plat
l'on rencontre à une certaine profondeur un
gravier de transport bien reconnaissable. Certains atterrissements de marnes et de limon renferment d'ailleurs des ossements d'espèces animales antédiluviennes; preuve que des alluvions
tout à fait comparables à celles qui se forment
encore chaque jour, peuvent cependant remonter au delà de la période actuelle.

Ces atterrissements ambigus sont en général
composés de cailloux roulés, de gravier, de marnes, de limon et même de tourbes. Un remblai
de ce genre occupe le fond de la vallée du Grand-
Morin. Les feuilles du canal latéral à la Marne

l'ont mis à découvert sur une grande épaisseur ; il était composé de sable fin marneux et tourbeux, et l'on y a trouvé des ossements. A la papeterie de Sainte-Marie près de Coulommiers, on a reconnu par des sondages sous ce limon superficiel, un gravier grossier et des cailloux roulés.

Un terrain du même genre se trouve probablement sous les alluvions récentes en plusieurs points des vallées du Petit-Morin, de l'Aubetin, de la Voulzie, de l'Anqueuil et de la rivière d'Yères. L'on a eu l'occasion d'observer dans une fouille accidentelle près de Rosoy, un gravier roulé calcaire qui occupait le fond de cette dernière vallée.

TERRAINS DE LA PÉRIODE ACTUELLE.

Éboulements.

Les collines du département de Seine-et-Marne ne sont ni assez élevées ni assez abruptes, pour que des éboulements bien considérables aient pu se former sur leurs flancs. On trouve seulement quelques débris des roches qui les composent confusément amoncelés sur leurs pentes et surtout au pied de leurs talus.

Ces terrains éboulés n'ont pas d'importance géologique ; mais, comme ils masquent souvent les roches en place et qu'on pourrait les confondre

avec elles, l'on a cru utile d'entrer dans quelques
détails à ce sujet.

Deux roches différentes, les sables et les argiles, ont surtout contribué à former des éboulements sur les versants des coteaux où elles affleurent. Les premiers, meubles et incohérents,
sont facilement entraînés loin de leur position
naturelle. Les assises supérieures se trouvent
ainsi déchaussées et manquent de point d'appui ;
c'est par cette raison qu'on voit presque toujours
les débris de terrain de meulières supérieures ou
du second calcaire lacustre sur la pente des coteaux formés par les sables de l'étage tertiaire
moyen, et que des blocs de grès en couvrent souvent toute la hauteur.

Les argiles et les marnes argileuses se com-
portent d'une autre manière. Imbibées d'eau,
elles deviennent fluides et glissantes; et, quand
elles affleurent vers le sommet d'un coteau, elles
coulent et entraînent ordinairement dans leur
glissement les roches superposées. Les glaises
vertes du calcaire lacustre inférieur présentent
cet effet d'une manière remarquable. Quand
elles sont comprises entre les roches solides des
travertins inférieur et supérieur, on voit, dans le
profil des talus, ces deux assises résistantes disposées en retraite, l'une au-dessus de l'autre, sous
forme de deux gradins raccordés par un talus

très-aplati, produit par l'affaissement des marnes
et des glaises. Au pied du gradin inférieur se
trouve le remblai formé par les marnes éboulées
et par les débris de la roche supérieure entraînés dans leur chute. S'il arrive au contraire que
les couches glaiseuses, par leur situation à la
base d'une colline, soient chargées d'une masse
épaisse et pesante de roches solides ; elles cèdent
et s'étirent sous cette pression puissante ; leurs
affleurements s'amincissent et disparaissent quelquefois presque complétement ; et les couches supérieures s'affaissent ainsi sur les couches subja-
centes. Quand le déplacement n'est pas très-con-
sidérable, le désordre produit par ce mouvement
lent s'aperçoit à peine à l'extérieur et ne se mani-
feste que par des fentes et des fractures visibles
seulement à l'intérieur de la masse.

Toutes ces circonstances sont connues des carriers ; ils savent que dans les *débords de masse*
la roche est presque toujours brisée et mal réglée. Mais, quoique le rôle des couches argileuses
et marneuses dans la production de ces phénomènes soit incontestable, et trop bien prouvé par
plusieurs expériences fâcheuses dans les travaux
de terrassement, il est difficile d'attribuer à
cette cause unique les dislocations que les roches
même les plus solides présentent toujours sur le
versant des coteaux, et principalement au bord

des grandes vallées. Il est probable au contraire que beaucoup de ces effets ont commencé à se produire pendant les grandes dégradations qui ont donné au sol son relief actuel.

Atterrissements.

Les atterrissements sont le produit des détritus charriés par les eaux sauvages que les crues des rivières ou des ruisseaux répandent ensuite sur leurs bords, ils se composent de sables, de graviers, de marnes et de limon.

Ce terrain existe dans presque toutes les vallées et repose quelquefois sur le terrain de transport proprement dit; il a avec celui-ci beaucoup de rapports de nature et de gisement, mais ne s'élève jamais beaucoup au-dessus des cours d'eau actuels.

La composition des atterrissements est variable, et dépend tout à fait de la nature du sol dans le bassin hydrographique de chaque rivière et de chaque ruisseau.

Tuf.

Les sources ne forment pas seulement des dépôts arénacés par voie de transport mécanique. Quand elles contiennent en dissolution des principes minéraux elles peuvent donner naissance à de véritables précipités chimiques, qui, avec le

6.

temps, produisent des roches homogènes. Les plus communes sont formées par le carbonate de chaux, et sont connues sous le nom de tuf.

Il existe dans le département de Seine-et-Marne beaucoup de sources chargées de carbonate de chaux et qui forment des incrustations calcaires; plusieurs ont créé des dépôts assez importants pour mériter d'être signalés.

Tourbe.

Le fond de quelques vallées est couvert de tourbe; cette substance est composée de détritus de plantes marécageuses; chaque année une végétation nouvelle s'établit sur les débris de l'ancienne pour périr à son tour. La tourbe se forme ainsi annuellement par couches indistinctes, quoique superposées, et enveloppe dans son accroissement toutes sortes de débris végétaux et minéraux.

L'altération lente qu'éprouvent dans l'eau les matières organiques, rend souvent leur origine méconnaissable et les rapproche, par leur composition chimique, de certains combustibles minéraux. L'altération est d'autant plus complète que les tourbes sont plus anciennes, de sorte que le même banc présente souvent de bas en haut toutes les variétés depuis la tourbe compacte homogène, et presque noire, jusqu'à la tourbe légère, spongieuse, et d'un brun clair, où chaque fibre végétale est reconnaissable.

La tourbe est quelquefois chargée de pyrites produites par la réaction des matières végétales en décomposition sur l'oxyde de fer et sur les sulfates terreux en dissolution dans les eaux. Ces pyrites se décomposent à leur tour par leur exposition à l'air, et certaines tourbes se couvrent rapidement d'efflorescences vitrioliques.

Quand la tourbe est assez pure, elle a, comme combustible, un emploi utile dans les arts. Certaines variétés, très-chargées de matières terreuses, et négligées jusqu'ici, pourraient probablement servir en nature pour amender les terres, ou donner, par la combustion, des cendres qu'on emploie dans certains cas avec avantage pour stimuler la végétation.

La tourbe se développe de préférence sur un sol imperméable, surtout marneux ou calcaire; sous des eaux peu profondes, claires et presque stagnantes; dans les circonstances favorables elle se forme rapidement. On trouve souvent en effet, sous une grande épaisseur de tourbe et dans des excavations ouvertes de main d'homme, des objets qui n'ont pu y être ensevelis à une époque bien reculée.

Terre végétale.

La terre végétale est composée des détritus de
la couche géologique subjacente quelle qu'elle
soit, modifiés par les agents atmosphériques et
par une ancienne végétation dont ils enveloppent
tous les débris. La culture et la main des hommes
y introduisent chaque jour des éléments nouveaux.

Les qualités de la terre végétale tiennent certainement beaucoup à sa composition chimique
et à la quantité de matières organiques qu'elle
renferme; mais plus encore peut-être aux circonstances de sa situation, à son exposition, à la nature perméable ou imperméable du sous-sol, et
surtout à l'état physique de ses éléments; état duquel dépendent la quantité d'eau qu'elle peut ab-
sorber et retenir, la cohésion et la dureté plus ou
moins grandes qui succèdent à la dessiccation.

Lorsque tant d'éléments divers doivent entrer
dans la question, il est bien difficile de classer
les terres végétales par des considérations purement géologiques; il est cependant quelques résultats généraux qui doivent être signalés.

Quand l'assise géologique subjacente est composée de roches homogènes en place et non recouvertes de matériaux remaniés d'origine dilu-

vienne, il est rare que la terre végétale soit épaisse et fertile.

Ainsi les calcaires, de la craie, des groupes du calcaire grossier et des deux calcaires lacustres forment presque toujours un terrain maigre et assez stérile. Quant aux sables de toutes les assises, leur mobilité, leur aridité extrême les rendent peu propres à la végétation. Par un défaut contraire les argiles ne sont guère plus favorables à la culture. Restent donc les marnes; et celles appartenant aux travertins inférieur et supérieur, celles surtout qui avoisinent le gypse, servent quelquefois de base à un sol très-productif.

Les terrains de meulières sont argileux et humides, ou maigres et secs : dans ces cas extrêmes, ils sont infertiles; mais quand le sable et l'argile s'y trouvent mélangés en proportion convenable, leur nature est analogue à celle des terrains remaniés, et ils se prêtent comme eux à diverses cultures.

Les coteaux de la craie, du calcaire grossier, du travertin inférieur, sont plantés de vignes partout où l'exposition le permet; quelques chétives cultures couvrent le reste ainsi que les sables inférieurs.

Des bois médiocres végètent sur les sables siliceux; et des prairies ou des bois occupent la surface des argiles, qui se reconnaissent à de petits marécages dont la végétation rappelle celle des vallées.

Les céréales sont cultivées sur les meulières. Les parties trop arides ou trop argileuses sont plantées de forêts.

Enfin, c'est à la présence des divers terrains remaniés que les plaines de tous les niveaux doivent une fertilité variable comme l'épaisseur de ce sol végétal. Des cultures riches et variées couvrent ces plaines. Quand les débris d'une formation géologique particulière, comme les sables supérieurs ou l'argile plastique, entrent pour une très-forte proportion dans la composition d'un terrain remanié superficiel, ce terrain se ressent quelquefois de son origine par ses qualités ou par ses défauts.

Les alluvions font presque partout la richesse des vallées.

DES EAUX

SUPERFICIELLES ET SOUTERRAINES.

Niveaux d'eau. — Sources minérales. — Eaux jaillissantes.

Quand les eaux pluviales sont retenues par un terrain imperméable qui les empêche de se perdre dans les fissures du sol, elles en suivent les pentes et vont grossir les ruisseaux, ou se réunissent et s'accumulent dans certaines dépressions et forment ainsi de vastes étangs. Les grands amas d'eaux superficielles se rencontrent exclusivement au milieu des plaines qui reposent sur un sol glaiseux, sur les argiles qui accompagnent les meulières et sur les glaises vertes du groupe lacustre inférieur.

L'existence des eaux souterraines, comme celle des eaux superficielles, dépend de la présence de certaines couches capables d'arrêter à différents niveaux les infiltrations qui traversent les roches fendillées ou pénètrent les sables. Dans les roches solides l'eau rencontre toujours des fissures ou des joints, et chaque filet poursuit son cours isolément. Les assises sableuses, au contraire, semblables à un crible ou plutôt à un filtre, la laissent passer en masse ; elle chemine ainsi en descendant jusqu'à ce qu'elle rencontre une couche assez étanche sur laquelle elle forme, dans le premier cas, une multitude de petits ruisseaux, et dans le second des nappes qui reparaissent en donnant naissance à des sources plus ou moins abondantes.

Abstraction faite des courants d'eau qui circulent en plein massif dans les roches solides et que le hasard seul ferait rencontrer, on trouvera dans chaque localité les niveaux aquifères en nombre égal, ni plus ni moins, à celui des couches imperméables ; mais l'observation prouve que ces couches sont toujours plus ou moins argileuses. Il est donc facile de les compter dans les terrains tertiaires où les bancs d'argiles sont en petit nombre et forment des horizons réguliers.

Quelques couches marneuses, subordonnées retiennent dans la formation lacustre supérieure les eaux et donnent naissance à de petites sources qui suintent au-dessus de l'affleurement des marnes, au pied de plusieurs collines du département de Seine-et-Marne.

Quand les argiles des meulières inférieures ou les marnes du travertin supérieur passent sous les sables de l'étage tertiaire moyen, elles déterminent en général un niveau d'eau qui alimente les puits. Ce niveau peu régulier se confond ordinairement avec le suivant produit par l'assise des glaises vertes.

Les glaises vertes du calcaire lacustre inférieur forment une nappe égale et continue, et font l'office d'un vaste réservoir. Quand elles affleurent dans les plaines, elles sont couvertes d'étangs et de prairies souvent marécageuses ; quand elles montrent seulement leur tranche sur les versants des coteaux, les sources qui les accompagnent tracent à mi-côte une ligne de niveau reconnaissable de loin à sa végétation anomale dans cette position. Les glaises vertes reçoivent les eaux qui ont trouvé passage dans l'étage tertiaire moyen.

Au nord du département de Seine-et-Marne on observe fréquemment à la base du travertin inférieur des couches marneuses, ordinairement verdâtres, peu puissantes et qui retiennent les eaux ; elles produisent un niveau assez constant, duquel jaillissent plusieurs sources abondantes. Elles s'arrêtent probablement vers le sud, à peu près à la limite des sables moyens ; on n'a en effet retrouvé ni les couches marneuses ni le niveau aquifère correspondant, quand le travertin inférieur reposait sur la formation d'argile plastique.

Certaines couches compactes forment à la partie inférieure des marnes du calcaire grossier un niveau d'eau très-régulier dans la vallée de la Marne, il s'élève à 3 ou 4 mètres au-dessus de l'étiage de la rivière.

Sous l'ensemble des formations tertiaires l'argile plastique recueille et rassemble toutes les infiltrations qui ont traversé les étages moyen et inférieur, et les eaux circulent avec facilité dans tous les sens au travers des terrains sableux qui recouvrent ou séparent les bancs d'argile dont cette formation se compose. Beaucoup de sources sortent de l'argile plastique, et ses affleurements toujours humides se dessinent sur le flanc des coteaux par une zone marécageuse. Cette ceinture est d'autant plus remarquable qu'elle sépare les talus arides de la craie et ceux des sables inférieurs du calcaire grossier ou du travertin inférieur.

Les lambeaux du calcaire pisolithique ont trop peu d'étendue pour mériter une mention particulière; quant à la craie, elle est traversée dans toute sa masse par mille fissures en sens divers. L'eau y chemine souterrainement dans toutes les directions, et il n'est aucune règle qui puisse guider dans la recherche de ces courants tout à fait accidentels. Pour trouver une nappe réglée, il faudrait, comme on l'a fait à Paris pour le puits artésien de l'abattoir de Grenelle, traverser toute la masse calcaire, et l'aller chercher entre les

argiles et au milieu des sables du terrain crétacé
inférieur.

Les sources de chaque niveau aquifère sont
d'autant plus abondantes, leur régime est d'autant
plus régulier, que la couche imperméable forme
un bassin hydrographique plus étendu sous une
plus grande épaisseur de terrains perméables, et
que ses affleurements viennent plus rarement à
la surface du sol ouvrir une issue aux eaux souterraines. Telle est la formation d'argile plastique ; mais les glaises vertes ne sont pas dans les
mêmes conditions : les sources de ce niveau doivent donc être et sont en effet moins considérables et leur produit est très-variable, sous l'influence des années sèches ou humides. De l'argile
plastique, au contraire, sortent de véritables
ruisseaux souterrains dont le débit est assez régulier.

Les eaux de source contiennent presque toujours des principes minéraux. Celles qui sortent
des terrains marneux et calcaires sont plus ou
moins chargées de carbonate de chaux ; celles qui
viennent des terrains argileux sont ordinairement
plus pures.

Il n'est pas rare cependant de voir jaillir du
niveau de l'argile plastique des eaux chargées de
sulfate et de carbonate de protoxyde de fer, qui
à l'air se couvrent d'une pellicule irisée et dépo-

sent sur leur lit un enduit limoneux de sous-
sulfate et de peroxyde de fer.

Le sulfate et le carbonate de protoxyde de fer en
dissolution proviennent très-probablement d'une
réaction de l'oxygène et des carbonates terreux
dissous par les eaux sur les pyrites assez abondantes dans le terrain d'argile plastique. Une décomposition chimique analogue altère souvent
de la même manière les eaux qui traversent
des matières tourbeuses.

L'hydrogène sulfuré et les sulfures solubles
se rencontrent aussi dans quelques eaux rame-
nées à la surface du sol par des sondages ; ces
produits minéraux ont probablement la même
origine et paraissent être un résultat de la réduc-
tion des sulfates par des matières organiques en
décomposition lente.

Des sources ferrugineuses et sulfureuses sortent également du calcaire lacustre inférieur, il
serait difficile de préciser leur point de départ ;
on peut supposer, il est vrai, qu'elles remontent
du niveau de l'argile plastique, peut-être aussi se
forment-elles au sein du travertin inférieur. Les
eaux souterraines qui circulent dans ce terrain
sont généralement très-chargées de sulfate de
chaux ; on y rencontre d'ailleurs assez fréquemment, au milieu des couches calcaires, de petits
lits de matières organiques : tous les éléments

d'une décomposition chimique de même genre que la précédente se trouvent donc réunis, et peuvent produire les mêmes effets.

Il existe dans le département de Seine-et-Marne plusieurs sources naturelles probablement assez chargées de principes minéraux, pour posséder des propriétés médicinales plus ou moins énergiques. Une seule, la source de Provins, a quelque usage comme agent thérapeutique; on en parlera plus loin.

Quand on atteint par un trou de sonde les eaux souterraines, elles remontent presque toujours au-dessus du niveau qu'elles occupent au sein des masses minérales; et quelquefois elles ont une force ascensionnelle suffisante pour s'épancher à la surface du sol, ou pour s'élever dans des tuyaux. Tel est le phénomène qui produit les fontaines artésiennes.

En principe elles ne diffèrent pas des sources ordinaires; il faut seulement se représenter le canal souterrain parcouru par les eaux comme un siphon renversé, dont la branche de dégorgement, ouverte artificiellement par le trou de sonde, débouche à un niveau plus bas que celui où la branche naturelle reçoit, par mille ramifications, les infiltrations superficielles.

Les terrains tertiaires sont parfaitement constitués pour l'établissement des puits forés; et leur disposition, sous forme de bassin, n'est pas moins favorable que leur composition géologique. Mais d'un autre côté ce bassin a peu d'étendue, la ceinture resserrée qui le borne de toutes parts n'est pas fort élevée; elle circonscrit nécessairement, dans un espace très-limité et à une faible hauteur, les points de départ des infiltrations superficielles et ne permet pas aux courants souterrains de prendre une grande force ascensionnelle.

Tous les phénomènes doivent donc se passer dans les terrains tertiaires sur une plus petite échelle que dans les terrains secondaires; et, bien qu'en les traversant par un trou de sonde on soit sûr d'obtenir presque partout un relèvement d'eau considérable, cette eau ne sera ordinairement jaillissante que dans des plaines très-basses, ou mieux encore au fond des vallées encaissées; elle ne coulera jamais avec la même impétuosité et la même abondance que si elle sortait des immenses réservoirs dont les assises inférieures de la craie ou le terrain jurassique forment les parois.

Dans le département de Seine-et-Marne l'argile plastique est à peu près la seule parmi toutes les couches tertiaires qui forme un bassin assez étendu pour qu'on ait quelque chance d'en tirer des eaux jaillissantes; mais l'irrégularité de la surface crayeuse dont ce terrain suit les ondulations, cause des variations fréquentes dans sa puissance et dans son niveau absolu. Ses relèvements rehaussent aussi les nappes aquifères, diminuent leur pression hydrostatique, et leur ouvrent par les affleurements de l'argile autant de déversoirs naturels.

Pour établir une théorie précise des forages artésiens il faudrait donc avoir d'abord une donnée fondamentale, la connaissance exacte du relief de la craie ; en l'absence de toutes règles on n'a maintenant pour se guider dans chaque localité que des inductions presque toujours assez vagues. Ces inductions, néanmoins, peuvent devenir de grandes probabilités, et même approcher de la certitude dès que quelques tentatives ont fait connaître approximativement une coupe du sol et le relèvement d'eau qu'on peut espérer dans le canton. Pour faciliter ces conjectures par comparaison, l'on s'est attaché à réunir le plus grand nombre possible de points de repère.

TROISIÈME PARTIE.

DESCRIPTION GÉOGRAPHIQUE DES TERRAINS.

Arrondissement de Meaux.

Le terrain d'argile plastique paraît au pied des coteaux qui bordent les vallons du Clignon et de ses affluents; ses affleurements descendent ensuite la vallée de l'Ourcq, où on les observe, il est vrai, difficilement; mais il paraît qu'on a exploité autrefois l'argile à Marnoue-la-Poterie, au moyen de simples cavages.

Les argiles de cette formation alimentent des Tuileries, à Varinfroid, à Vaux, à Veuilly, à Montigny.

Des sables calcaires séparent la formation d'argile des assises inférieures du calcaire grossier. On voit très-bien ces sables en traversant le vallon de la Gergogne, à la descente du chemin de la ferme de Gesvres vers Crouy-sur-Ourcq; à la montée de Crouy sur le plateau qui domine la ville vers le sud, et surtout dans les talus du chemin de la ferme de Brumier à La Tuilerie. Leur épaisseur est variable; il paraît d'ailleurs difficile de séparer ces sables de l'argile plastique

même, on trouve souvent en effet des lignites argileux en contact avec les premières assises du
calcaire grossier inférieur.

L'argile plastique existe à La Ferté-sous-Jouarre,
sous le terrain de transport et sous l'alluvion de la
vallée de la Marne ; on l'a observée au fond d'un
puits en creusement. Ce terrain donne naissance
à la source de Tanqueux. Un forage exécuté à
Reuil l'a rencontrée sous une faible épaisseur de
calcaire grossier.

A Courtaran on exploite des argiles et des lignites séparés des bancs inférieurs du calcaire
grossier par environ 3 mètres de sable. Mais à
Luzancy, du lignite est en contact avec le calcaire solide. Les fouilles de Courtaran sont en
général superficielles, et l'on ne déblaie ordinairement que du terrain de transport ; à Luzancy
on est souvent obligé d'enlever un certain nombre
de bancs calcaires. Les argiles alimentent des tuileries, les lignites servent à l'amendement des terres.

Tous les puits forés de Meaux, de Trilbardou,
de Claye et ceux d'Anet ont atteint la formation
d'argile plastique. Toutes les fois qu'on l'a traversée, on a trouvé les lignites et les argiles à
trois niveaux différents séparés par des sables,
mais l'épaisseur relative de ces systèmes de couches est extrèmement variable : de sorte qu'on a
observé de très-grandes différences, même dans

7.

la petite étendue de la ville de Meaux, où l'on a atteint ce terrain sur sept points différents. Un premier banc de lignite dont l'épaisseur varie entre 1 mètre et 1 m. 20, s'y trouve quelquefois en contact immédiat avec les dernières assises solides du calcaire grossier inférieur. Les lignites de Luzancy appartiennent probablement à une couche supérieure de ce genre.

Dans les puits forés vers la partie inférieure du cours de la Marne, à Champigny, à Alfort, à Créteil, on ne rencontre plus qu'un niveau d'argile à lignites séparé des dernières assises du calcaire grossier par une épaisseur variable de sables argileux.

L'ensemble de la formation des sables inférieurs et de l'argile plastique a environ 60 mètres de puissance à Meaux et à Reuil. Elle diminue à mesure qu'on descend la vallée de la Marne. A Champigny elle n'a pas plus de 30 mètres, à Créteil elle en atteint près de 50, à Alfort elle revient à 30 mètres; ces amincissements de la formation argileuse paraissent d'ailleurs en rapport avec les exhaussements de la surface crayeuse qui est au même niveau à Reuil et à Meaux, qui se relève à Champigny d'environ 24 mètres, à Créteil seulement de 7 mètres, à Alfort de 20 mètres.

A chaque groupe de couches argileuses correspond, en général, un niveau d'eau ascendante,

les nappes inférieures sont les seules jaillissantes ;
la hauteur à laquelle elles s'élèvent diminue du
nord-est au sud-est. A Meaux et à Reuil les sources s'élèvent à 13 ou 14 mètres au-dessus de l'é-
tiage de la Marne, à Claye et à Anet à 13 mètres
environ au-dessus du même niveau, à Vaires à
peu près à 12 mètres, à Alfort à environ 6 mètres, et dans plusieurs puits creusés dans le fau
bourg Saint-Antoine à Paris à 6 mètres environ
au-dessus du niveau de la Seine. Il est à remarquer que dans presque tous les sondages on a
rencontré, vers la partie inférieure du terrain
d'argile plastique, des argiles marneuses qui servent de transition à une brèche crayeuse immédiatement en contact elle-même avec la craie.

Comme aucune coupe naturelle ne saurait faire
connaître la constitution du terrain d'argile plastique, l'on mettra en regard les coupes de quelques puits forés échelonnés sur le cours de la
Marne.

COUPE D'UN PUITS FORÉ A REUIL.		COUPE D'UN PUITS FORÉ A MEAUX.	
Terre végétale, terrain de transport......	3 85	Terre rapportée.....	7 50
Calcaire grossier friable............	3	Marne blanche......	0 84
Marnes verdâtres et graveleuses......	4	Marne avec rognons siliceux..........	2 33
1er niveau d'eau; celui des puits.		Marnes blanches....	2 50
		Marnes avec concrétions siliceuses...	2
		Marnes blanches et zones de calcaire compactes..........	4 67
		Marnes grises sableuses............	0 33
		Calcaire chlorité.....	2 67
		Marne sableuse chloritée............	0 33
Calcaire grossier.		Marne grise et verdâtre............	2
		Calcaire chlorité....	0 33
		Marne sableuse chloritée............	0 67
		Calcaire chlorité....	0 33
		Marne sableuse chloritée............	0 67
		Calcaire chlorité.....	0 40
		Marne sableuse chloritée............	0 75
		Sable gris.........	0 33
		Marne chloritée.....	0 75
		Sable gris.........	0 43
		Calcaire chlorité....	0 61

Argile plastique.				
	Sable grossier argileux	2	90	
	Lignites compactes . .	2	10	
	Niveau de la Marne.			
	Marne argileuse bleue	1	40	Sable vert à gros grains	0	50
	Marne calcaire blanche.	4	40	Sable gris.	0	33
	Argile, filets de lignites	9	80	Lignite sableux	0	22
	Sable avec lignites. . .	0	65	Sable gris fin	10	
	Marne pyriteuse, lig-			Argile noire sableuse.	0	67
	nites	2	50	Sables noirs lignites.	3	33
	Argile charbonneuse.	4		Argiles noires.	2	67
	2e *niveau; eau ascen-*			Lignites	1	
	dante.			Sables noirs argileux.	0	17
	Marne sableuse, lignite	1		*Eau ascendante.*		
	Sable argileux, lignite.	0	20	Argiles noires.	0	83
	3e *niveau; eau ascen-*			Lignites	0	67
	dante.			Argiles noires	1	33
	Lignite, sable grossier	5		Sables noirs argileux.	2	67
	Sable brun fin coquillier	5		*Eau ascendante.*		
	4e *niveau; eau ascend.*			Sable fin	14	
	Sable gris	3		Argile noire sableuse.	0	67
	Sable charbonneux ar-			Sables fins noirs	2	66
	gileux	0	50	*Eau ascendante.*		
	Marne noire et ver-			Sables fins argileux. .	2	
	dàtre coquillière . .	4		Sables avec lignites. .	2	67
	Argile grise.	1	50	Argiles noires	2	
	Argile verdàtre très-			Argiles bariolées. . . .	0	67
	coquillière.	8	40	Marnes grises crayeu-		
	Marne calcaire jaune. .	4	40	ses et graveleuses.	43	33
	Lignites bruns.	0	80	Craie.		
	Argile et fragments de					
	craie	5	05			
	Craie.					

	PUITS FORÉ DE TRILBARDOU.			PUITS FORÉ DE POULENGIS (SEINE).		
	Cailloux roulés.	8	98	Cailloux roulés.	7	85
Sables moyens.	Grès	0	62			
	Sable	0	83			
Calcaire grossier.	Marnes blanches, pla-			Bancs solides de cal-		
	quettes de silex . . .	13	35	caire grossier. . . .	6	
	Calcaire	0	91	Calcaire grossier infé-		
	Marnes et calcaire . . .	11		rieur, bancs chlori-		
	Calcaire et minces cou-			tés	5	
	ches de sable.	8	14			

Argile plastique.	Sable gris argileux..	2 70		Sable argileux......	1 20
	Sables et lignites....	2 10		Argiles noires	1 21
	Argile noire........	0 40		Sable fin	4
	Argile blanche......	0 88		Gros sable........	1
	Lignites et argiles noi-res	1 45		Argiles , lignites....	2
	1re *nappe ascendante.*			Argiles bigarrées....	20
	Sables	4 31		Argile et fragments de craie	6 50
	Sables et lignites...	0 84		Argiles jaunes pures..	0 50
	Argiles noires......	1 : 0		Argile crayeuse.....	0 50
	2e *nappe jaillissante.*			Argile sableuse.....	0 50
	Sables	3 60		Argile crayeuse.....	0 50
	Lignites, sables , argi-les, argiles noires..	4 50		Craie argileuse......	1 70
	3e *nappe jaillissante.* Sables.			Craie.	

Les trois subdivisions du calcaire grossier sont bien caractérisées dans le vallon du Clignon et dans celui du ruisseau de Gergogne, on distingue également ces trois étages aux environs de Crouy-sur-Oureq et de Marnoue-les-Moines.

La descente de la ferme de Brumier à La Tuile-rie, présente la coupe suivante de haut en bas :

Calcaire lacustre inférieur. — 1° Calcaire d'eau douce compacte au sommet du coteau de la ferme de Brumier.

Sables moyens. — 2° Sables coquilliers siliceux, grès.

Marnes du calcaire grossier.

3° Calcaires marneux , environ . . 2

4° Calcaires en couches minces et multipliées , avec silex en rognons et plaquettes, ces silex cornés et pyromaques zonés renferment quelques graines de chara, environ. . . . 2

5° Calcaires en plaquettes moins compactes et passant vers le bas au calcaire grossier . . . 2

Calcaire grossier.	{	6° Calcaire sableux, environ	1 50
		7° 4 à 5 bancs épais de calcaires solides.	
Calcaire grossier inférieur.	{	8° Sables calcaires.	4
		9° Calcaire.	1
		10° Sables calcaires un peu chlorités.	2
Sables inférieurs. Argile plastique	{	11° Calcaire chlorité dur et coquillier.	1
		12° Sable chlorité.	
		13° Argile.	

La descente de May-en-Multhien à la ferme de Gesvres, présente une coupe analogue; les couches inférieures sont facilement observables en arrivant à Crouy-sur-Ourcq. On peut encore les observer dans le vallon du Ru-de-la-Croix-Félix; mais la coupe est moins nette et moins complète.

Un ravin qui descend dans le vallon de la Marne, près de Saacy, présente la succession des couches suivantes :

	{	1° Sable probablement remanié à l'Orme de Bussières et au nord-est du Bois-Martin.
Calcaire lacustre inférieur.	{	2° Meulière dans l'argile sur le plateau;
		3° Marne verte exploitée à une tuilerie au-dessus de Chantemanche;
		4° Marnes d'un blanc verdâtre incohérentes;
		5° Marnes blanches et calcaires marneux avec rognons de silex;
		6° Gypse exploité entre les deux ravins, il n'est pas visible à la surface du sol;
		7° Marnes et calcaires compactes avec lymnées,
		8° Marnes incohérentes avec ménilites;
Sables moyens.	{	9° Banc de calcaire coquillier à coquilles marines;
		10° Sable siliceux et calcaire coquillier;
		11° Grès siliceux;

Marnes du calcaire grossier.	12° Marnes blanches ; 13° Marnes calcaires avec poches de sable et calcaire carié arénacé ; 14° Calcaires compactes avec cordons de silex et graines de chara ; 15° Calcaires en plaquettes ; 16° Marnes calcaires.
Calcaire grossier moyen.	17° Calcaire marin jaunâtre ; 18° Calcaire marin.
Calcaire grossier inférieur.	19° Sables à grains verts ; 20° Sable calcaire blanc ; 21° Sables à grains verts.

La partie moyenne du calcaire grossier est exploitée à Vareddes et à Rozelle près Germigny-l'Évêque ; elle fournit de belle pierre de taille.

La partie moyenne et supérieure du calcaire grossier et le passage de ses marnes d'eau douce aux sables moyens est facilement observable à la carrière de Rozelle, à la montée de Vareddes vers Meaux, au Gué-à-Trèmes, au-dessus de Tancrou, de Jaignes, à La Ferté-sous-Jouarre, sur la route de Tarterel, au château de Saussoy. La tranchée du canal dans le faubourg Cornillon à Meaux, a permis de prendre une coupe complète de ces terrains.

Sables moyens.	1° Sables avec grès. 2° Roche coquillière dure : calcaire grossier sableux.	1 30

Marnes du calcaire grossier.

3° Marne blanche tendre. 0 74
4° Calcaire siliceux et sableux ; grès
à ciment spathique et siliceux. 0 33
5° Marne calcaire et siliceuse avec
calcaire spathique et rhomboèdres de chaux carbonatée inverse. 0 88
6° Calcaire compacte dur, plusieurs
lits. 0 78
7° Calcaire compacte dur, plusieurs lits. 0 39
8° Marnes avec plaques de grès à ciment silic. et spath. très-dur . 1 03
9° Marnes blanchâtres très-calcaires 0 30
10° Marnes blanches veinées d'argile
brune. 0 44
11° Calcaire cristallin, spathique et
siliceux avec rhomboèdres de
chaux carbonatée inverse . 0 87
12° Calcaires marneux en bancs assez
nombreux et peu puissants . 5 24
Dans ces bancs, on trouve un
niveau d'eau supérieur à celui
de la rivière.

Les marnes du calcaire grossier ne forment pas des couches d'épaisseur régulière, elles sont d'ailleurs un peu contournées, et renferment des poches aplaties d'un sable siliceux blanc incohérent parfaitement pur, tout à fait semblable à celui des sables moyens.

Le souterrain de Chalifert et les puits verticaux qu'on a ouverts dans le coteau présentent une coupe du même genre encore plus complète.

Sol remanié.

1°	Calcaire compacte siliceux.	0 35
2°	Marne blanchâtre avec noyaux de calcaire siliceux.	1 55
3°	Calcaire compacte très-dur.	1 20
4°	Marne verdâtre.	1 40
5°	Calcaires et marnes compactes.	5 50
6°	Calcaire siliceux très-dur.	0 22
7°	Marne avec magnésite.	0 25
8°	Marne avec silex en rognons et en plaques.	0 80
9°	Marne	0 65
10°	Calcaire siliceux et compacte très-dur.	0 65
11°	Marne.	0 93
12°	Marne avec filets noirs de substances bitumineuses.	0 57
13°	Calcaires siliceux et compactes durs.	0 43
14°	Marne.	1 19
15°	Calcaires compactes durs.	0 72
16°	Marne incohérente.	0 35
17°	Calcaire très-siliceux.	0 17
18°	Marne.	0 20
19°	Magnésite violâtre	0 06
20°	Calcaire marneux.	0 20
21°	Calcaire très-siliceux compacte	0 82
22°	Marne.	0 58
23°	Calcaire compacte.	1 72
24°	Marne calcaire.	0 75
25°	Filets gypseux.	
26°	Marne verdâtre aquifère.	2 79
27°	Filet de Gypse.	
28°	Marne blanche.	0 30

Travertin inférieur. (pour les numéros 1° à 28°)

29°	Sable blanc.	0 55
30°	Grès.	0 70
31°	Sable.	5 50
32°	Calcaire grossier, coquillier et sableux solide.	0 55
33°	Grès en plaquettes et en rognons dans de la marne calcaire.	0 25
34°	Grès calcaire coquillier très-dur.	0 32
35°	Marnes et grès en plaquettes.	0 38

Sables moyens, 8 m. 50. (pour les numéros 29° à 35°)

Marnes du calcaire grossier.

36° Marnes calcaires. 0 45
37° Calcaire compacte très-dur. . 0 55
38° Calcaire marneux compacte avec bancs spathiques et siliceux ; cristallisations de chaux carbonatée inverses ; plaquettes de grès siliceux et spathiques ; poches de sable quartzeux blanc pur. 5 50
39° Calcaire carié cristallisé. rhomboèdres inverses de chaux carbonatée. 0 35
40° Marnes calcaires, niveau d'eau supérieur à celui de la Marne.

Les puits artésiens de Claye et de la vallée de la Marne, ont traversé la formation de calcaire grossier ; les coupes qui en ont été données assignent une épaisseur très-variable aux couches du calcaire grossier proprement dit : variation qui se trouverait d'ailleurs presque compensée par celle en sens contraire des marnes de la même formation, dont l'épaisseur totale serait ainsi à peu près constante.

Le niveau des couches inférieures du terrain calcaire est très-variable, il suit les ondulations de la formation argileuse. Celui de la partie supérieure n'est pas aussi irrégulier. Au-dessous de Meaux, il a une inclinaison sensible dans le sens de la vallée. Il résulte en effet des coupes du canal Cornillon et du souterrain de Chalifert que le commencement des sables moyens s'élève, à Meaux, à 11 mètres 65 centimètres au-dessus de l'étiage de la Marne ; à Chalifert, seulement à 8 mètres.

Ce terrain paraît ensuite s'abaisser au-dessous de Lagny, puis se relever vers Créteil et vers Vincennes; à Créteil, la partie inférieure des sables moyens est à 14 mètres environ au-dessus de l'étiage de la Marne; à Vincennes, un puits artésien creusé dans les fossés du château l'a trouvée à 12 mètres au-dessus du même niveau.

Le calcaire grossier fournit du moellon et de la pierre de taille : plusieurs carrières de moellon sont ouvertes entre Lizy-sur-Ourcq et Crouy, sur les bords du canal. On a déjà cité les carrières de Vareddes et de Rozelle, il en existe également à Germigny-l'Évesque et à Changis. Les bancs exploités appartiennent au calcaire grossier moyen et paraissent correspondre à ceux connus à Paris sous le nom de roche. A Saussoy, à Courtaran, on extrait aussi de la pierre de taille et du moellon.

L'assise des sables moyens commence à affleurer dans les vallées de la Beuveronne et de la Biberonne au-dessus de Nantouillet et vers Villeneuve-sous-Dammartin.

Les sables sont calcaires et cohérents; et plusieurs sources assez abondantes, qui forment les ruisseaux ou viennent les grossir, paraissent sortir de la base du travertin inférieur, dont les assises marneuses retiennent les eaux quand elles sont soutenues par l'assise compacte des sables.

L'affleurement sableux est assez puissant au-dessus de Claye, les tranchées ouvertes pour faire passer le canal le découvrent au-dessous du moulin de Messy et l'on y remarque plusieurs bancs calcaires subordonnés.

Les sables suivent ensuite le contour du coteau, on les voit au-dessus de Fresnes et dans les deux ravins qui débouchent dans la Marne à Charmentray, dans celui qui y aboutit près de Vignely et passe par la ferme de la Couche, et dans le vallon de Butel.

Les déblais du canal entre Charmentray et Trilbardou découvrent la tranche de l'assise sableuse. Les sables sont calcaires et consistants. Ils renferment, vers le haut, plusieurs bancs subordonnés d'un calcaire sableux.

A Meaux, au pied du coteau d'Orgemont, les sables sont calcaires et très-cohérents, ils conservent les mêmes caractères jusqu'à la route de Vareddes. L'assise sableuse est coupée dans toute sa hauteur par la descente de la grande route, au sud de ce village; elle paraît avoir 20 mètres environ de puissance; elle renferme vers sa partie supérieure des bancs puissants de grès siliceux et calcaires. Ces bancs sont exploités, au nord de Vareddes, sur le coteau opposé. On suit encore les sables et les grès à la double descente vers le Gué-à-Trèmes; des grès calcaires sont exploités, au nord, au sommet du coteau.

Les sables moyens affleurent dans la vallée de la Thérouanne. Au-dessus d'Oissery, à Forfery, à Brégy. Les sources qui forment le ruisseau de Thérouanne sortent toutes presque au contact des grès et du calcaire lacustre inférieur; les bancs de grès calcaires et siliceux qui font partie de cette assise se montrent dans un grand nombre de localités; à Etrepilly ils fournissent d'excellents matériaux de construction. Cette formation devient de plus en plus puissante vers le nord et forme presque à elle seule toute la hauteur des coteaux de la Marne et de l'Ourcq.

Le mamelon qui sépare Congis du Gué-à-Trêmes est couronné par un lambeau circulaire des marnes calcaires du travertin inférieur. L'assise sableuse est visible tout autour; elle a **28** mètres environ de puissance, jusqu'aux couches calcaires et marneuses représentant les marnes du calcaire grossier; celles-ci se montrent à **19** mètres environ au-dessus du niveau de la vallée.

Les affleurements des sables suivent à droite et à gauche tous les contours des coteaux de l'Ourcq et remontent à droite le vallon de la Gergogne, et à gauche divers ravins affluents. Ces affleurements sont constamment compris entre ceux du calcaire grossier et du travertin inférieur, l'un au pied, l'autre au sommet du coteau.

Les bancs subordonnés de grès siliceux ou calcaire, ou même d'un véritable calcaire grossier, ne sont pas toujours en même nombre ni placés à la même hauteur dans la masse sableuse; ils paraissent d'ailleurs peu étendus et changent souvent de nature. Ainsi à Lizy-sur-Ourcq, sur la droite comme sur la gauche de la vallée, la formation sableuse se termine presque au sommet du coteau par un banc calcaire coquillier. Au-dessus d'Ocquerre on trouve dans la même position un banc siliceux exploité pour pavage, tandis qu'au-dessous de May-en-Multhien, au-dessus de la ferme de Gesvres et près de celle de Brumier, le travertin inférieur repose sur des sables meubles, et que des blocs de grès se rencontrent à un niveau plus bas.

Le sable est quelquefois coquillier, principalement vers le milieu de la masse. On trouve dans ces sables, sur le chemin d'Hervilliers à Crouy-sur-Ourcq, une énorme quantité de coquilles bien conservées et faciles à extraire.

L'assise des sables couronne le coteau au-dessus de Jaignes et de Saint-Jean-les-deux-Jumeaux et passe sous les bois de Meaux. Au-dessus de Trilport on exploite, vers la partie supérieure de cette assise, des bancs très-minces de grès calcaire; les mêmes bancs se montrent au-dessus de Saint-Jean-les-deux-Jumeaux et dans le coteau escarpé qui borde la rive gauche de la Marne, entre la grande route et la ferme de Bruyère.

L'assise sableuse s'amincit assez rapidement en descendant la vallée de la Marne; sa puissance est d'environ 20 mètres à Meaux; elle a moins de 9 mètres à Chalifert. L'affleurement des sables pénètre ensuite dans la vallée du Grand-Morin, où il est assez difficile de l'observer au pied des coteaux; on le voit pourtant aux environs de Crécy, et, par analogie de niveau, il doit se rencontrer encore au-dessus de cette dernière ville.

On exploite des grès dans le vallon de Signy, près de la Ferté-sous-Jouarre. La route qui conduit à Jouarre et un chemin qui monte directement à Tarterel présentent d'assez bonnes coupes de tous les terrains, qui se succèdent de haut en bas de la manière suivante :

Travertin inférieur.	1° Marnes blanches avec ménilites et cordons de silex, quelques lits de calcaire compacte et de marne feuilletée.
Sables moyens.	2° Banc mince de calcaire coquillier à coquilles marines, 3° Marne sableuse; 4° Sable siliceux et calcaire assez cohérent dans le coteau de Tarterel, ce sable renferme une assez grande quantité de coquilles; 5° Grès calcaires avec quelques parties siliceuses; 6° Sable siliceux et calcaire.

Marnes du calcaire grossier.	7° Marnes blanches et jaunâtres ; 8° Marnes calcaires compactes avec cordons de silex ; 9° Marnes calcaires.
Calcaire grossier moyen.	10° Plusieurs bancs de calcaire marin solide.
	11° Le pied du coteau de Tarterel laisse voir en quelques endroits des bancs d'un calcaire sableux qui appartiennent au calcaire grossier inférieur.

A Chamigny la masse sableuse est puissante, et coquillière vers son milieu ; elle se termine vers le haut par un banc de grès épais qui est exploité. Dans le vallon qui débouche à Saint-Aulde, l'assise sableuse remonte jusqu'à Dhuisy, où il existe des sablières. La pente d'un ravin qui débouche dans la vallée entre la Charbonnière et le Petit-Montménard tranche obliquement le coteau dans toute l'épaisseur de l'assise sableuse jusqu'aux premières assises du calcaire grossier qui sont les plus résistantes et donnent lieu à une chute verticale ; enfin au-dessus de Saacy, on exploite quelques grès.

Les trois assises du calcaire lacustre inférieur sont bien reconnaissables. Le travertin inférieur forme le sol des plaines situées sur la rive droite de l'Ourcq et de la Marne. Sur la rive gauche il affleure dans les coteaux de cette vallée et des vallées affluentes ; il renferme de nombreux amas de gypse.

L'assise des glaises vertes affleure sur le contour des buttes de Dammartin, de Montgé, de Monthyon, de Penchard; ces mêmes affleurements se retrouvent au sommet des coteaux entre l'Ourcq et la Marne; enfin, sur la rive gauche de cette rivière, les glaises forment une zone à la limite des plaines; elles paraissent également au fond de toutes les ondulations du sol, et retiennent l'eau d'un assez grand nombre d'étangs. Enfin, le travertin supérieur ou les meulières forment le sol des plaines.

La superposition du travertin inférieur aux sables moyens s'observe dans un grand nombre de localités : d'abord aux environs de Crouy-sur-Ourcq, dans des localités qui ont déjà été citées. A Lizy-sur-Ourcq, le coteau présente la coupe suivante sur la rive droite de l'Ourcq.

Travertin inférieur.	1° Marnes à lymnées; ménilites.
Sables moyens.	2° Bancs de calcaire sableux coquillier; 3° Masse de sable coquillière vers son milieu; bancs de grès calcaire;
Marnes du calcaire grossier.	4° Calcaires compactes en petites couches et en plaquettes avec lits de silex zônés.
Calcaire grossier moyen.	5° Calcaires à cerithes.

La situation du calcaire d'eau douce au-dessus des sables et des grès calcaires est très-évidente à la double descente du Gué-à-Trêmes et en plusieurs points dans le vallon de la Thérouanne, entre autres aux environs d'Étrepilly.

On observe la même superposition dans les talus de la route, au nord-est et au sud-ouest de Vareddes. On retrouve ensuite le contact du calcaire d'eau douce et des sables à la descente vers Meaux, et on peut le suivre d'une manière continue dans les tranchées du canal sur toute l'étendue du contour qui enveloppe le faubourg de Saint-Faron.

Au-dessous de Cregy et d'Orgemont on trouve des silex cornés dans les bancs calcaires du travertin inférieur et des ménilites dans les marnes ; on y a observé également un filet de gypse saccharoïde de quelques centimètres de puissance, en contact immédiat avec la couche sableuse. Près de la Maison-Brûlée, dans le vallon du Belair, les marnes et les calcaires d'eau douce reposent directement sur les sables et sur des grès calcaires ; la superposition est la même dans le coteau entre Trilbardou et Charmentray. Le contact du calcaire et des sables se voit encore sur les bords de la route de Meaux à Paris, à 2 kilomètres environ avant d'arriver à Claye, à Claye même dans les talus de la route de Messy, et dans les coteaux du canal entre cette ville et Gressy.

Le passage du travertin inférieur aux sables s'observe dans les vallons du Ru-de-la-Croix-Hélène, du Ru-de-Jariel ; près d'Ocquerre on déblaie des marnes et des calcaires d'eau douce pour arriver au banc de grès, qui leur est immédiatement inférieur. Dans les talus de la route de Lizy à La Ferté-sous-Jouarre, on voit des marnes d'eau douce reposer sur un banc de calcaire grossier à coquilles marines qui terminent la formation sableuse. Enfin, le travertin inférieur recouvre les sables au sommet du coteau qui borde la vallée de la Marne au-dessus de Mary et de Jaignes, dans les vallons de Saintes et du Pressoir, près de la ferme de Courtablon.

A Chamigny on déblaie, pour arriver à un banc de grès exploité par le pavage, une certaine épaisseur de calcaire d'eau douce et de marnes à ménilites ; le contact des marnes et de la roche siliceuse est immédiat.

On a déjà cité plusieurs coupes qui peuvent donner une idée de la manière d'être du calcaire lacustre inférieur et de ses rapports avec les autres terrains. On en rapportera encore ici quelques-unes.

Le ravin de Pisseloup, à l'est des plâtrières de Villaret, permet d'étudier les couches qui composent le coteau dans toute sa hauteur ; il présente la coupe suivante :

<table>
<tr><td rowspan="16" style="text-align:center">COUPE
DU COTEAU DE PISSELOUP.</td>
<td>1°</td><td>Sables remaniés sur les points les plus élevés au nord-est de Bussières ;</td><td></td><td></td></tr>
<tr><td>2°</td><td>Argiles à meulières, marnes calcaires avec silex au niveau de la plaine ;</td><td></td><td></td></tr>
<tr><td>3°</td><td>Glaises verdâtres, grises et feuilletées vers le haut, blanchâtres vers le bas ; environ.</td><td>6</td><td></td></tr>
<tr><td>4°</td><td>Marnes blanchâtres</td><td>2</td><td></td></tr>
<tr><td>5°</td><td>Marnes, calcaires marneux siliceux.</td><td>8</td><td></td></tr>
<tr><td>6°</td><td>Marnes gypseuses.</td><td>2</td><td>50</td></tr>
<tr><td>7°</td><td>Marnes blanchâtres, grises, avec lits de calcaire et de gypse de couleur brune.</td><td>5</td><td></td></tr>
<tr><td>8°</td><td>Marnes gypseuses.</td><td>3</td><td></td></tr>
<tr><td>9°</td><td>Marnes plus ou moins calcaires, au moins.</td><td>18</td><td></td></tr>
<tr><td>10°</td><td>Calcaires à coquilles, marnes.</td><td>1</td><td>50</td></tr>
<tr><td>11°</td><td>Sables gris, environ.</td><td>8</td><td></td></tr>
<tr><td>12°</td><td>Marnes blanches, marnes verdâtres.</td><td>10</td><td></td></tr>
<tr><td>13°</td><td>Calcaire grossier avec zones de silex.</td><td>8 à 9</td><td></td></tr>
<tr><td>14°</td><td>Calcaire grossier</td><td>11 à 12</td><td></td></tr>
<tr><td>15°</td><td>Glauconie sableuse, environ.</td><td>5</td><td></td></tr>
<tr><td>16°</td><td>Sables.</td><td></td><td></td></tr>
</table>

Les couches 6° et 8° paraissent être l'équivalent ou pour mieux dire le prolongement des deux masses des plâtrières de Villaret, et l'ensemble des couches 6° à 9° représente probablement les couches qui, après avoir contourné l'amas, sont venues se rejoindre sur ses bords.

A Condé, une tranchée ouverte pour le passage du canal met à découvert le contact des sables moyens et du calcaire lacustre. Elle est assez remarquable par la position d'un banc de gypse.

COUPE D'UNE TRANCHÉE OUVERTE A CONDÉ.	1° Calcaire marneux à lymnées avec des silex cornés renfermant des graines de chara.	
	2° Marnes verdâtres retenant l'eau.	1 80
	3° Filet de gypse d'environ 10 mètres d'étendue et se terminant en pointe vers chaque extrémité, épaisseur maximum. .	0 08
	4° Marne sableuse légèrement jaunâtre.	0 25
	5° Filet de gypse s'amincissant vers chaque extrémité, épaisseur maximum	0 18
	6° Sable marneux un peu jaunâtre.	0 40
	7° Sable siliceux.	

La coupe du coteau de Chalifert citée plus haut montre une disposition presque semblable.

Tous ces exemples prouvent que le gypse peut se trouver en couches subordonnées dans toute la hauteur du travertin inférieur et jusqu'à son contact avec les sables. Il serait bien difficile, par conséquent, de justifier la division en trois étages qu'on établit souvent dans cette première partie du travertin inférieur.

Quand les couches gypseuses sont assez épaisses et rassemblées de manière à former des amas de quelque puissance, on les exploite soit souterrainement, soit à ciel ouvert, suivant qu'elles se trouvent situées à une certaine profondeur sous les plaines, ou qu'elles affleurent sur les versants de quelques collines isolées ou sur les côteaux qui bordent les vallées.

Les amas gypseux ont encore, dans l'arrondissement de Meaux, les alignements du sud-est au nord-ouest si remarquables dans les départements de Seine-et-Oise et de la Seine. Ces alignements ne sont pas néanmoins bien prononcés sur la rive gauche de l'Ourcq et de la Marne, et la situation des plâtrières présente un peu de confusion.

Une première série d'amas gypseux est exploitée souterrainement sur les communes des Crouttes, de Nanteuil-sur-Marne, de Citry, de Saacy, de Vendrest, de Cocherel; une seconde, sur les communes de Bussières, Saint-Cyr, Reuil, La Ferté-sous-Jouarre, Jouarre;

Une troisième, sur les communes de Signy, Montceaux, Fublaines, Crégy; et à ciel ouvert à Penchard, Monthyon, Montgé, Dammartin, jusqu'à Saint-Witz.

Une quatrième ligne d'amas de gypse est située sur le territoire des communes de Quincy, Boutigny, Mareuil, Nanteuil-lès-Meaux, Charmentray, le Mesnil-Amelot;

Une cinquième sur le territoire de Thorigny, Annet et Claye.

Enfin, la butte de Chelles se rattache aux amas gypseux de Montfermeil.

Les amas gypseux de la seconde ligne forment passage entre ceux de la première et de la troisième; et, sur la rive droite de la Marne, il n'y a guère de distinction possible entre ceux de la troisième et de la quatrième. Enfin, il n'y a peut-être pas beaucoup de raison pour séparer en plusieurs séries les amas gypseux qui se rattachent au coteau étendu depuis Dampmart et Annet jusqu'à Chelles et Montfermeil; et cette division par chaînons parallèles est d'autant moins tranchée sur la rive gauche de l'Ourq et de la Marne que la constitution des amas d'une même série ne présente pas une analogie constante, comme dans le département de la Seine et de Seine-et-Oise. Tout démontre, d'ailleurs, que ces amas forment, dans le travertin inférieur, de vastes lentilles indépendantes, qui s'amincissent de tous côtés à partir d'un centre où elles atteignent toute leur puissance; de sorte qu'à mesure qu'on s'éloigne de ce point, l'exploitation devient de moins en moins profitable, jusqu'à ce qu'elle ne puisse plus être continuée dans la même direction.

Quelques coupes choisies sur les différents alignements d'amas gypseux donneront une idée de leur constitution.

COUPE **D'UNE CARRIÈRE A SAACY.**	1° Terre végétale et meulière.		
	2° Glaises vertes et marnes d'un blanc verdàtre.	5	37
	3° Marnes blanches.	5	34
	4° Marne bleuàtre.	8	20
	5° Haute carrière dite les roches, gypse	8	20
	6° Marnes gypseuses ou faux plàtre.	0	33
	7° Grosses marnes.	1	33
	8° Gypse marneux ou petit plàtre.	0	33
	9° Les gros grès, gypse marneux.	1	80
	10° Le blanc lit, marne calcaire.	0	25
	11° Le blanc banc, marne calcaire.	0	37
	12° Les vieilles marnes.	0	33
	13° Les chiens, gypse et marne.	0	33
	14° 13 bancs de gypse ou de lits de marnes qui les séparent désignées par des noms différents.	3	47

COUPE **D'UNE CARR. A VANDREST.**	1° Marnes diverses.	10	00
	2° Plàtre.	3	00
	3° Marnes et clicart ou calcaire compacte	0	73
	4° Marnes gypseuses.	0	73
	5° 10 bancs de gypse ou de marnes exploités.	2	28
	6° Marnes.		

COUPE **D'UNE PLATRIÈRE A QUINCY.**	1° Glaises verdàtres	6	
	2° Marnes jaunàtres.	2	50
	3° Calcaires marneux.	4	50
	4° Marnes bleuàtres.	10	
	5° Gypse en roche.	0	20
	6° Faux plàtre.	2	40
	7° Gypse en roche.	0	20
	8° Bancs gypseux durs.	10	
	9° Marnes.	2	
	10° Marnes gypseuses au ciel de la carrière.	1	50
	11° Gypse tendre.	2	
	12° Gypse dur.	1	
	13° Marne au Souchet.	0	50

(haute masse, 12 m. 80.) — accolade embrassant les lignes 5° à 8°.

COUPE
D'UNE PLATR. A MAREUIL.

1° Marnes vertes.
2° Marnes blanches.   3
3° Bancs de gypse et marnes constituant la première masse . 10
4° Marnes.   4
5° Gypse marneux. } seconde masse, { 2 80
6° Bancs de gypse. }   { 3 60

COUPE
D'UNE PLATRIÈRE A CLAIE.

1° Haute masse 0 50
2° Marnes.   3
3° Gypse marneux. 3 50
4° Divers bancs de gypse. 3 50
5° Marne.

COUPE
D'UNE PLATR. A THORIGNY.

1° Marnes blanches.
2° Haute masse. 13
3° Marnes. 1 14
4° Marnes diverses en plusieurs
   bancs. 4 05
5° Plâtre marneux. . . }   { 2 45
6° Plâtre impur.   . . }   { 0 86
7° Gypse tendre. . . . }   { 1 85
8° Gypse en plusieurs { masse   }
   bancs, durs, ex- { inférieure, }
   ploitables à la {   }
   poudre. . . . . }   { 1 38
9° Marnes au souchet. }

On voit que la séparation du gypse en deux masses distinctes est très-générale, mais la masse supérieure n'est guère exploitable que par découverte, à cause du peu de consistance des couches qui la recouvrent.

Les collines qui s'étendent au nord-ouest de Meaux depuis Penchard jusqu'à Saint-Witz présentent, toutes, deux masses de gypse ; la supérieure est seule exploitée : elle a une puissance variable, quelquefois très-grande, et qui atteint jusqu'à 15 mètres. C'est probablement à la solidité de ces puissants amas de gypse que ces collines ont dû d'être préservées de la destruction qui a fait disparaître les couches marneuses et peu résistantes du travertin inférieur sur toute l'étendue de la plaine. Toutes les exploitations de ce canton se font à ciel ouvert.

A Chelles les bancs de gypse sont très-développés, et les marnes ou les calcaires marneux inférieurs sont réduits en proportion. Le gypse paraît descendre presque jusqu'au contact des sables moyens. Le coteau présente la coupe suivante :

COUPE DU COTEAU DE CHELLES.	1° Glaises vertes au sommet du coteau ;	
	2° Marnes ;	
	3° Plâtre exploité à ciel ouvert (1re masse).............. 15	
	4° Marnes..................... 6	
	5° Plâtre marneux, ciel de la carrière.................... 2	
	6° Plâtre (2e masse)........... 3 05	
	7° Marnes gypseuses........... 4 84	
	8° Plâtre (3e masse).......... 2 60	
	9° Marne.................... 1 30	
	10° Plâtre, épaisseur inconnue (4e masse).	

L'étiage de la Marne est à 6 mètres environ au-dessous de la partie supérieure de la quatrième masse.

L'argile verte alimente plusieurs tuileries à Penchard, à Montgé, au pied de la butte de Dammartin, à Saint-Ladre et près des bois de Saint-Laurent.

La même couche affleure au sommet de la colline de Carnetin, à Montfermeil ; elle couronne même la butte de Chelles, mais elle n'y a pas toute son épaisseur. Plusieurs tuileries l'exploitent également sur la rive droite de la Marne. On citera celle de Pont-Carré, où l'on a observé dans l'argile des rognons calcaires et strontianiens verdâtres ; et la tuilerie située près de Luzancy sur la commune de Reuil, où l'on extrait l'argile au-dessous de la meulière.

La route de Lagny à Anet, celle de Torcy à Noisy-le-Grand, celle de Meaux à Melun aux environs de Couilly, celle de la Ferté-sous-Jouarre à Jouarre et à Viels-Maisons, présentent des coupes de l'assise des glaises vertes. On les retrouve encore près de Dhuisy, et leur affleurement est souvent très-distinct dans les coteaux qui bordent la Marne au-dessus de la Ferté-sous-Jouarre.

Tout le coteau de Carnetin présente au-dessus des marnes vertes une assise calcaire assez puissante. La route de Lagny à Annet tranche cette assise et permet de voir sa superposition aux glaises. Le calcaire est compacte, siliceux et très-dur, et renferme de véritables meulières. Il enveloppe beaucoup de coquilles d'eau douce. On l'emploie pour l'entretien de la route.

Au sommet de la plaine qui domine au sud la vallée de la Marne, à l'ouest de celle du Grand-Morin, les argiles vertes sont immédiatement recouvertes par du calcaire siliceux, des marnes et des meulières non enveloppées d'argile et qui sont inférieures au terrain d'argile à meulière proprement dit, lequel forme tout à fait la surface du sol. On trouve assez fréquemment l'occasion d'observer les meulières du travertin supérieur, parce qu'elles sont exploitées pour l'entretien des routes. Près de Ferrières cette meulière est pétrie de coquilles.

La puissance du travertin supérieur s'amoindrit vers l'est, de sorte que, sur le coteau qui borde à gauche la vallée du Grand-Morin, il est déjà réduit à très-peu d'épaisseur, tandis qu'au contraire les argiles à meulières prennent un assez grand développement. Celles-ci de leur côté paraissent finir en s'amincissant en sens contraire sur la même plaine ; mais il serait très-difficile d'établir entre ces terrains une démarcation même approximative. A droite du Grand-Morin la plaine est formée par les argiles à meulières. Celles-ci ont été exploitées entre Quincy et Meaux. On les trouve partout à la surface du sol entre Crécy et la Ferté-sous-Jouarre, entre cette ville et Viels-Maisons. Ces meulières sont presque partout extraites comme moellon. Au nord de la Ferté-sous-Jouarre, les collines les plus élevées sont couronnées par les meulières recouvertes presque toujours d'une certaine épaisseur de sable ordinairement remanié. Ce terrain de meulières a une grande importance à cause des précieux matériaux qu'il fournit pour la confection des meules.

Les principales exploitations sont situées sur le plateau de Tarterel. On y déblaie ordinairement une couche de sable ferrugineux et argileux qui atteint quelquefois jusqu'à 16 mètres d'épaisseur. Sous le sable se trouve un lit d'argile ferrugineuse remplie de petits fragments de meulière. Ce lit, connu sous le nom de *pirois*, annonce la roche qui se présente en blocs irréguliers et discontinus, ses bancs sont quelquefois au nombre de cinq, séparés par des lits d'argile; d'autres fois on n'en trouve qu'un seul. La surface supérieure du premier banc est ordinairement très-inégale; et quand le *pirois* manque, la meulière paraît pénétrer dans le sable, qui lui-même s'est insinué dans ses interstices.

Au-dessous des bancs de meulière on rencontre, à ce qu'il paraît, une épaisseur médiocre d'argile semblable à celle qui enveloppe la roche elle-même. On a eu l'occasion d'observer en deux endroits différents, au-dessous de ces argiles, des marnes d'un bleu verdâtre, incohérentes et semblables à celles qui sont ordinairement associées aux glaises vertes : il est d'ailleurs facile de s'assurer de la superposition immédiate des meulières sur ces glaises, au plateau de Tarterel, sur les chemins de Tarterel à Saint-Martin et à Courcelles, et surtout à la tuilerie située entre Montharlin et Luzancy, où l'argile verte est exploitée sous la meulière.

Des extractions de meulière existent de l'autre côté de la Marne sur le coteau opposé à celui de Tarterel. On a pu encore constater la superposition directe de la meulière sur les glaises vertes à la ferme de Marcy et près de la plâtrière voisine. Beaucoup de blocs éboulés de meulières sont exploités sur les versants des coteaux de la Marne, entre autres dans les bois de la Barre.

Les sables supérieurs couronnent les buttes de Notre-Dame-de-Saint-Witz, des bois de Saint-Laurent, de Dammartin, de Montgé, de Monthyon ; et on en retrouve quelques restes sur celle de Penchard. On a inutilement cherché à observer en place les couches marneuses coquillières qui existent souvent à la base de cette formation ; mais on a rencontré vers le pied de la butte de Montgé, dans les sables d'un chemin qui monte vers le Belvédère, de petites coquilles d'huîtres noirâtres, qui ne peuvent provenir que de ces couches.

La formation sableuse forme plusieurs buttes qui s'élèvent au-dessus de la plaine de meulières

9

à l'ouest du village de Ferrières, et le mamelon qui porte les bois et le hameau du Tartre au nord de Hondevilliers. Les sables y renferment des grains de minerai de fer manganésifère, qui paraissent disséminés dans toute la masse.

On rencontre encore un grand nombre d'autres éminences sableuses autour de la Ferté-sous-Jouarre; mais les sables qui les composent paraissent entièrement différents des sables en place de la formation sableuse proprement dite; ils sont plus ou moins argileux, quelquefois marneux, et renferment, la plupart du temps, des débris de meulières. On en peut, il est vrai, séparer par lévigation un sable pur tout à fait identique à celui qui compose intégralement l'assise sableuse de l'étage tertiaire supérieur, telle qu'on peut l'observer dans les diverses localités citées en commençant; mais ces sables contiennent aussi une assez forte proportion de marne et surtout d'argile. La masse sableuse très-épaisse qui recouvre la meulière sur le coteau de Tarterel, bien que les fouilles qui la traversent eussent dû mettre à découvert les parties vierges, ne ressemble nullement aux sables purs ou même ferrugineux de Montgé et de Dammartin. On peut en dire autant des sables qui forment une couche superficielle sur la plaine au nord de Viels-Maisons, autour de Bussières, au sud et à l'ouest de Jouarre, et de ceux qui couronnent les plateaux élevés qui dominent Dhuisy au nord et au sud. Il faut remarquer cependant que dans ces dernières localités on ne peut observer que la superficie des sables, et qu'il n'est pas impossible que ces éminences conservent un noyau de sable en place sous un manteau de sables remaniés.

Le terrain de meulières supérieures couronne les collines de Saint-Witz, Dammartin et Montgé, et l'on en trouve des débris sur les buttes du Tartre et de Flagny. Il se compose d'argiles marneuses bariolées, qui enveloppent des silex cariés rarement purs de toutes parties calcaires, et des rognons aplatis de calcaire très-siliceux et très-dur, percé de tubulures. L'on a déjà remarqué que cette association, qui se voit quelquefois dans le département de Seine-et-Oise, caractérise le voisinage des limites du calcaire lacustre supérieur et des meulières. Le conglomérat argileux, qui recouvre les éminences sableuses de l'arrondissement de Meaux, représente donc en même temps les restes du calcaire lacustre supérieur et le terrain de meulières supérieures.

Les argiles renferment du minerai de fer en grains. Au bois du Tartre on trouve de pareil minerai de fer dans un sable argileux et ferrugineux, qui enveloppe en même temps des fragments de calcaire et de meulières fossilifères.

9.

Les plaines sont couvertes d'une couche épaisse de sables remaniés, qui enveloppent des blocs de grès, des fragments de meulières et du minerai de fer en grains. Ce minerai se rassemble dans les fossés et dans les ravins où il est lavé par les eaux. Les deux variétés, distinguées, comme on l'a dit, par la nature du résidu insoluble dans les acides, se trouvent ainsi dans le terrain diluvien superficiel, mais le minerai à résidu quartzeux est de beaucoup le plus commun. Quelques silex se voient aussi vers la partie inférieure de l'assise diluvienne au sommet du plateau au-dessus de Carnetin et de Villevaudé. Les mêmes silex sont très-communs dans la plaine de Viels-Maisons, autour des hameaux de Fontaine-Jumelle et de Replonge.

Les fouilles du canal entre Meaux et Condé ont fait reconnaître quelques particularités assez remarquables du terrain de transport de la vallée de la Marne. Non loin de Mareuil ce terrain est agrégé par des infiltrations siliceuses qui ont transformé le sable fin en grès excessivement dur, à cassure lustrée; et le gravier grossier en un poudingue très-consistant à ciment siliceux et formé de galets de quartz. Ces diverses roches renferment des fragments de coquilles marines roulées et usées; parfaitement conservées d'ailleurs, très-solides, et qui gardent encore leurs couleurs. On trouve ces fragments de coquilles en grande quantité dans le terrain de transport meuble du voisinage. Ces grès et les poudingues ont une espèce de stratification : leurs caractères minéralogiques se confondent presque avec ceux des grès et des poudingues les plus durs de la formation d'argile plastique des environs de Nemours.

Les fouilles ouvertes dans la vallée du Grand-Morin pour une prise d'eau par dérivation, ont fait connaître également une partie du terrain de transport de cette vallée. Il se compose de limon, de sable fin et de matières tourbeuses : on a trouvé dans ce sable et dans ce limon des ossements d'éléphant.

Le terrain de transport de la vallée de l'Ourcq est recouvert d'un épais atterrissement tourbeux. L'exploitation de ces tourbes n'a même pas été sans importance sur les communes de Crouy-sur-Ourcq, de Gesvres et de May-en-Multien.

Les niveaux d'eau sont au nombre de sept. Le premier, qui mérite à peine d'être mentionné, est produit par les argiles à meulières supérieures : elles retiennent les eaux pluviales à la surface du sol sur les buttes peu étendues où ces argiles ont quelque épaisseur. Les argiles à meulières inférieures forment le second. Elles retiennent aussi les eaux superficielles, et l'humidité ou la sécheresse extrême de ces glaises, suivant les saisons, rend très-peu fertiles les parties du sol où elles ne sont pas recouvertes par le diluvium des plaines. Un troisième niveau d'eau se trouve à la surface des glaises vertes ; il est régulier et très-général. Un quatrième à la base du travertin inférieur, il est moins constant que le précédent, mais produit cependant quelques sources assez abondantes (les Fontaines près Dampmard, etc.). Les marnes du calcaire grossier donnent lieu à un cinquième niveau ; on ne pourrait pas citer de sources considérables à cette hauteur ; mais on y a constamment trouvé l'eau dans les fouilles du canal, soit à Meaux, soit à Chalifert. Enfin on rencontre généralement deux niveaux d'eau dans la formation d'argile plastique, le premier au-dessus du premier banc d'argile à lignite ; le second vers la partie la plus basse des sables qui séparent ces premières argiles du second ensemble de couches argileuses.

Des puits naturels traversent les divers terrains qui composent la surface du sol. Une excavation de ce genre, remplie de sable remanié, se voit aux environs de Saacy, dans les escarpements d'un ravin. Au-dessus de Forfery un puits absorbant est connu sous le nom du Gouffre.

Arrondissement de Coulommiers.

L'argile plastique affleure dans la vallée du Grand-Morin, en dehors du département, à Esternay, où elle n'est recouverte que par le terrain d'atterrissement de la vallée. On l'a rencontrée à une médiocre profondeur au-dessous du fond de cette même vallée dans des puits forés aux environs de Coulommiers.

Le sondage exécuté à la papeterie de Sainte-Marie, commune de Boissy-le-Chatel, a fait connaître la coupe suivante :

```
Terrain de transport.  ( 1°  Atterrissement............. 3 90 )
                       { 2°  Terrain  de  transport, cailloux
                       (        roulés................. 2 92 )
                         3°  Marnes diverses........... 3 74 )  15 m. 43
                             1re source jaillissante au niveau du
Travertin inférieur.  {         sol.
                         4°  Marne argileuse bleuâtre..... 0 65 )
                         5°  Marnes calcaires........... 4 22
                         6°  Terres noirâtres et silex..... 0 93
Commencement          {        2e niveau d'eau jaillissante, elle s'élève à
de l'argile plastique. }    1 m. environ au-dessus du  sol ; soit à peu près
                            75 m. au-dessus du niveau de la mer.
```

Cette indication, rapprochée de celles que fournissent les sondages exécutés à Annet et à Meaux, permet de supposer qu'on rencontrerait à peu près partout l'eau jaillissante dans la vallée du Grand-Morin à une profondeur qui, au-dessous de Coulommiers, ne dépasserait probablement

jamais 25 mètres; qui à Coulommiers même at-
teindrait environ 16 mètres, et irait en dimi-
nuant au-dessus de cette ville en même temps que
le volume et la force ascensionnelle des eaux ascendantes. Le terrain d'argile plastique commence, en effet, à Annet, à 8 mètres environ au-
dessus du niveau de la mer et à 22 mètres environ au-dessus de celui de la Marne. A Meaux il
est moyennement à 20 mètres au-dessus du premier niveau et à 27 mètres au-dessous de la
rivière; donc, en supposant sa pente à peu près
régulière, il devrait se trouver à l'embouchure
du Grand-Morin à 24 mètres environ de profondeur, et à 14 mètres environ d'élévation au-
dessus du niveau de la mer; a la papeterie de
Sainte-Marie la même élévation est d'environ
58 mètres; à Esternay elle est de 150 mètres; la
pente moyenne du terrain d'argile plastique serait donc entre les deux premiers points d'environ 0 m. 002; d'environ 0 m. 003 entre les se-
conds; elle irait, comme on doit s'y attendre, en
augmentant à mesure qu'on s'approche des bords
du bassin tertiaire. Les irrégularités de la surface
crayeuse peuvent, il est vrai, causer quelques
perturbations locales; mais les conclusions pré-
cédentes ne doivent pas être bien éloignées de la
vérité. Il est, par la même raison, assez probable
que des sondages entrepris dans la vallée de l'Au-

belin, à une hauteur qui ne dépasserait pas 70 à 80 mètres, amèneraient à la surface du sol des eaux ascendantes.

On n'a pu observer le calcaire grossier dans l'arrondissement de Coulommiers, quoiqu'il se montre vers les deux extrémités de la vallée du Petit-Morin, à la Ferté sous-Jouarre et aux environs de Montmirail. Il est probable néanmoins que ce terrain s'avance d'un côté, à peu près jusqu'à Saint-Ouen, et de l'autre, à peu près jusqu'à La Celle; et qu'on pourrait l'observer au pied des coteaux, si l'on rencontrait une coupe complète. La pente du calcaire grossier ne suit pas celle de la vallée; vers le haut elle est plus forte, et au contraire plus faible vers le bas, de sorte que le calcaire disparait en s'enfonçant sur toute la partie intermédiaire. Cette circonstance peut d'ailleurs aussi bien tenir à un amincissement qu'à une inégalité d'inclinaison.

Les sables moyens se voient au contraire sur les deux versants de la même vallée dans toute sa longueur; et les grès qu'ils renferment sont souvent exploitables (La Couarde, La Roche, Verdelot, Sablonnières, jusqu'à Orly et Saint-Ouen). La formation s'amincit rapidement de l'est à l'ouest. Ainsi au nord de Rieux un ravin présente la coupe suivante, qui fait bien connaître les rapports des trois terrains superposés.

Travertin inférieur. { 1° Marnes blanches;
                      { 2° Marnes verdâtre argileuse;

Sables moyens.   3° Sables, 2 à 3 mètres;

Comm^t. du calcaire   4° Marnes blanches.
     grossier.

Près des hameaux de **La Couarde** et de **La
Roche** la formation paraît déjà atteindre environ
12 mètres. A Sablonnières l'assise des sables
est découverte sur 8 mètres environ de hauteur, ils renferment beaucoup de corps organisés; et, vers la partie supérieure, les couches
calcaires déjà signalées dans plusieurs autres localités.

Il est remarquable que les assises marines qui
séparent l'argile plastique du travertin inférieur
manquent complétement dans la vallée du Grand-
Morin (puits foré de Sainte-Marie). Ces assises,
dont l'ensemble a vers le nord plus de 100 mètres
de puissance, s'amincissent donc rapidement vers
le sud et finissent en biseau entre la formation de
l'argile plastique et celle du calcaire lacustre inférieur. Cet amincissement accompagne l'abaissement des terrains supérieurs. Ainsi l'assise des
meulières, qui forme la superficie des plaines et
s'élève au nord de Bussières presque à 200 mètres
d'altitude, n'atteint guère plus de 140 mètres aux
environs de Coulommiers, et ne dépasse pas
120 mètres dans le canton de Rosoy.

Le travertin inférieur est, dans toute l'étendue de la vallée du Petit-Morin, représenté par des marnes ou des calcaires marneux peu solides et schisteux, qui renferment des silex en cordons, et même vers le bas des ménilites. On y a trouvé de petits lits de magnésite violâtre dans le vallon qui descend de Vieux-Maisons à Verdelot et près de Courcelles, commune de Saint-Cyr. La nature marneuse de ces couches tient au voisinage des amas de gypse.

Le travertin inférieur forme également la base des collines qui bordent la vallée du Grand-Morin. De Crécy à Coulommiers, et au delà de cette dernière ville, il est composé de calcaires marneux avec silex et de marnes. A Crécy et à Coulommiers ces marnes renferment de petits lits de magnésite. A mesure qu'on s'éloigne de Coulommiers vers La Ferté-Gaucher, ou qu'on remonte la vallée de l'Aubetin vers Mauperthuis, les calcaires du travertin inférieur prennent de la consistance. Ils deviennent compactes et durs, quelquefois pénétrés d'infiltrations spathiques et siliceuses. Ils forment rarement des bancs assez puissants pour servir de pierre de taille, mais fournissent presque partout du moellon.

La première pente des coteaux qui bordent les vallées de l'Yvron, de l'Yères, est sur le travertin inférieur. Les larges vallons qui remontent de Rosoy vers Vaudoy et Jouy-le-Chatel découvrent le travertin inférieur sur une grande étendue : il est partout composé de bancs, peu épais mais solides, de calcaire compacte infiltré de silex ou de calcaire spathique, et exploité partout comme moellon.

Les glaises vertes forment un horizon irrégulier au sommet des coteaux ; elles sont presque toujours surmontées de 1 à 2 mètres de marnes d'un blanc verdâtre ; des marnes jaunâtres et un peu feuilletées se trouvent à leur partie inférieure. Ces glaises vertes ou les marnes blanchâtres occupent aussi le fond de quelques dépressions à la surface des plaines et sont toujours couvertes de prairies. Les glaises alimentent beaucoup de tuileries. On citera seulement comme exemple de pareilles exploitations, Sablonnières, les Tuileries près de Viels-Maisons, celles de Launoy-Renault, de Rebais, de Saint-Germain-sous-Douc, de Réveillon, de La Ferté-Gaucher, Mortcerf, Nesles, Rosoy, Courpalais, etc., l'argile verte n'a jamais présenté de particularités remarquables. Les marnes blanchâtres, qui accompagnent les glaises vertes, sont souvent employées à l'amendement des terres (Rosoy, Vilbert, Le Breuil).

Le terrain des meulières supérieures forme, presque partout, la superficie des plaines ; la meulière, enveloppée dans l'argile, n'est pas toujours entièrement siliceuse. Plusieurs échantillons, recueillis entre Saint-Ouen et Rebais, renfermaient 3 à 4 0/0 et quelquefois 15 0/0 de carbonate calcaire. Au sommet du coteau qui domine La Ferté-Gaucher des fouilles ont permis de voir, sous des meulières enveloppées d'argile, des meulières dans des marnes qui représentaient le travertin supérieur. Ces dernières sont en lits réguliers, tandis que les premières sont disposées confusément et sans ordre.

La distinction du travertin supérieur et des meulières n'est d'ailleurs possible que dans un petit nombre de localités, où des coupes profondes mettent à découvert toute l'épaisseur de l'assise supérieure aux glaises vertes.

La meulière est exploitée presque partout aux environs de Rosoy, de Lumigny, dans la forêt de Crécy, autour de Rebais et dans la plaine entre Bussières et Viels-Maisons. La montée de Sablonnières au hameau de La Noue et à Hondevilliers présente la succession suivante :

Meulière inférieure.	1°	Meulière dans de l'argile, au sommet du coteau et sur la plaine.
Travertin supérieur.	2°	Calcaire siliceux ou compacte :
Glaises vertes.	3°	Marnes vertes exploitées pour le service d'une tuilerie.
	4°	Marnes feuilletées légèrement jaunâtres :
Travertin inférieur.	5°	Calcaires schisteux et marneux. Marnes avec rognons de silex noir, les marnes contiennent quelques ménilites et des fossiles d'eau douce lymnées, planorbes.
Sables moyens.	6°	Plusieurs couches minces de calcaire coquillier alternant avec du sable calcaire.
	7°	Sable siliceux et calcaire renfermant beaucoup de coquilles :
	8°	Grès siliceux.

Les sables supérieurs ne sont incontestablement en place qu'au hameau du Petit-Hamel près Saint-Barthélemy; qu'à Doue, où l'assise est complète; à la butte de Glatigny près Mauperthuis, à Lumigny, à Nesles, à Fontenay, à l'est, à l'ouest et au sud de Rosoy, à la ferme des Hauts-Grès, où cette roche forme des blocs nombreux; à l'ouest de Pecy et au nord-ouest des Gastins.

On trouve presque toujours, il est vrai, à la surface des plaines, une couche épaisse de sables et même des blocs de grès ; mais ces sables argileux appartiennent au diluvium : ils forment aussi des éminences assez prononcées ; les principales peuvent néanmoins conserver, sous cette couche superficielle, quelques lambeaux de sable tertiaire moyen. Les sables remaniés et les grès qui les accompagnent reposent indifféremment sur la meulière et sur les glaises vertes. On rencontre une assez grande quantité de petits fragments de grès dans la plaine entre La Ferté-Gaucher et Esternay ; aux environs de Pierrelez les blocs sont plus volumineux : près de Pezarches de grosses roches de grès sont en contact immédiat avec les marnes vertes.

Le calcaire lacustre supérieur existe au sommet de la butte de Doue ; il est composé de marnes et de fragments de calcaire compacte. On ne peut observer de couches réglées : la puissance du calcaire paraît être de 3 à 4 mètres.

Quand on suit le vallon du Ru-des-Avenelles, on descend toutes les formations depuis le calcaire lacustre supérieur jusqu'au travertin inférieur. On trouve successivement :

1° Au pied de l'église de Doue, le calcaire lacustre d'environ 4 mètres de puissance ;

2° Au-dessous, le sable supérieur exploité dont la puissance est d'environ 35 mètres ;

3° Dans le village même de Doue, et au niveau de la plaine, la meulière inférieure et le calcaire siliceux exploités en diverses localités, par de petites fouilles superficielles sur une épaisseur d'environ 5 à 6 mètres ;

4° Des marnes verdâtres et l'argile verte, qui affleurent dans le vallon, forment le fond des étangs de la Loge et de la Presle, et alimentent la tuilerie de Saint-Germain-sous-Doue, environ 5 mètres ;

5° Enfin le travertin inférieur dans le fond du vallon jusqu'à Coulommiers, où l'on observe les couches inférieures avec des lits de magnésite.

Le diluvium qui s'étend sur les plaines en constitue la terre végétale et en fait la fertilité. Là où il manque, les argiles à meulières rendent le sol trop humide; là, au contraire, où il est trop épais, la terre devient sableuse et maigre : dans ces deux cas extrêmes le sol est ordinairement planté de bois (bois de Jouarre, forêt de Crécy, buisson de Malvoisine, etc.). Le diluvium des plaines a d'ailleurs tous les caractères qu'on a déjà signalés dans l'arrondissement de Meaux.

Le sol d'atterrissement qui occupe le fond de la vallée du Petit-Morin est peu considérable. On n'a pu y constater la présence d'un terrain de transport. Un semblable terrain existe sous les alluvions du Grand-Morin. Le sondage de la papeterie de Sainte-Marie l'a traversé sur une épaisseur d'environ 3 mètres ; il est composé de galets de calcaire et aussi de silex roulés qui viennent certainement du terrain d'argile plastique ou de la craie. La vallée d'Yères a aussi son terrain de transport. On a eu l'occasion d'observer, dans le voisinage de Nesles, des fouilles qui avaient atteint un gravier calcaire composé de fragments de calcaire compacte et siliceux roulés et arrondis.

Les niveaux d'eau se trouvent : 1° à la surface des argiles à meulières qui retiennent l'eau à la superficie des plaines; 2° au-dessus des glaises vertes d'où sortent les sources de tous les ruisseaux; 3° vers le bas du travertin inférieur; ce niveau, apparent dans d'autres parties du département, paraît avoir fourni la première nappe ascendante du puits foré de Sainte-Marie; 4° enfin dans l'argile plastique; aucunes données ne permettent d'ailleurs de reconnaître le nombre de niveaux qu'on pourrait espérer de rencontrer dans cette formation.

Arrondissement de Melun.

L'argile plastique ne vient nulle part à la surface du sol dans l'arrondissement de Melun : elle ne doit pas être bien enfoncée au-dessous du niveau de la Seine, aux environs d'Héricy, puisqu'elle affleure dans la vallée, à environ 6 kilomètres plus haut.

Les puits forés à Corbeil et à Essonnes ont rencontré la formation d'argile plastique à une profondeur variable entre 17 et 38 mètres au-dessous de l'étiage de la rivière; à Soisy-sous-Étiolles la profondeur au-dessous du même niveau a varié de 42 à 37 mètres; à Champrosay elle est de 47 mètres; à Alfort, près Paris, seulement de 14 mètres.

Ces divers points de repère font voir que,

sauf quelques irrégularités locales de la surface crayeuse, l'argile plastique ne doit jamais s'enfoncer très-profondément au-dessous de la vallée de la Seine. Plusieurs des sondages cités à Alfort, à Champrosay, à Soisy, à Essonnes, ont atteint la craie après avoir traversé l'argile plastique, et partout la dernière formation s'est trouvée d'autant plus épaisse que la craie se rencontrait à un niveau plus bas. Un sondage exécuté à Mondeville a traversé une grande épaisseur des marnes sableuses qui forment le passage de l'argile plastique au travertin inférieur; ces marnes sableuses se rencontrent constamment dans la même position.

Le travertin inférieur affleure dans toutes les vallées. Dans celle d'Yères et dans les vallons affluents, dans celles de l'Anqueuil, de l'Ecolle, et sur presque toute la hauteur du coteau de la Seine, ce calcaire est en général assez solide pour être employé comme moellon ou comme pierre à chaux. Les exploitations sont ordinairement de peu d'importance, et on citera seulement celle de Courtomer, celles qui avoisinent Brie-Comte-Robert, Melun, etc.

Le calcaire contient assez fréquemment des fossiles, des rognons ou de petites zones de silex; quelquefois il est pénétré de parties siliceuses ou spathiques.

Les glaises vertes se trouvent partout à 4 ou 6 mètres au plus de profondeur au-dessous des plaines; elles affleurent par conséquent au sommet des coteaux de toutes les vallées, et toutes les ondulations du sol les mettent à découvert. Ces glaises sont exploitées par un grand nombre de tuileries à Ozouer-La-Ferrière, à Brie-Comte-Robert et près de la ferme de La Borde, près de Grégy, de Soignolles, à Yèbles, en plusieurs endroits du vallon qui descend de Tournan vers Ozouer-Le-Voulgis, près de Guignes, de Melun, de Fleury, de Saint-Ouen, de Blandy, etc.

Les fouilles rapprochées de Vaux-Le-Pénil sont assez profondes et permettent de reconnaître la coupe suivante de bas en haut :

1° Au sommet du coteau, on rencontre la meulière dans l'argile;
2° Calcaire blanc tendre coquillier, calcaire compacte dur avec infiltrations spathiques ou siliceuses en plaques. Ces diverses variétés ne sont pas disposées en bancs bien réguliers et paraissent se trouver indistinctement dans toute la hauteur de la masse, qui a quelquefois jusqu'à 7 mètres de puissance;
3° Marne verdâtre et marne blanche, environ 0 m. 30 :
4° Marne verdâtre et glaises vertes, environ 2 mètres;
5° Marne jaunâtre un peu feuilletée, environ 0 m. 60 :
6° Travertin inférieur formant le pied du coteau.

L'assise des glaises vertes donne naissance à beaucoup de sources, et c'est à ce niveau que sortent tous les ruisseaux. Les glaises vertes retiennent les eaux, de sorte qu'à l'origine de presque tous les vallons on trouve un étang ou un marécage. Quand les glaises, ou les marnes qui les accompagnent, paraissent à la surface des plaines, elles sont presque toujours cultivées en prairies.

La coupe précédente montre la manière d'être du travertin supérieur aux environs de Melun. Au Châtelet et dans la plaine environnante il est presque entièrement à l'état siliceux. Il est à peu près partout recouvert par les meulières et par leurs argiles ; mais celles-ci ne se trouvent presque jamais en contact avec les marnes vertes : elles en sont séparées par une certaine épaisseur de calcaire ou de marnes blanchâtres. Ces dernières sont peu cohérentes ; elles sont quelquefois exploitées pour l'amendement des terres (près du Grand-Puits, du château de Bisseaux, d'O-zouer le-Voulgis, de Coubert, de Grisy, de Tournan, etc.).

Les meulières s'extraient sur un grand nombre de points dans la plaine entre Chailly, Melun et Ponthierry, au sommet des coteaux qui bordent la Seine, vers Le Plessis-Picard, Lieusaint, à Guignes, à Yèbles, autour de Brie-Comte-Robert et de Servon, dans la forêt d'Armainvilliers, etc. Ces meulières enveloppées d'argile ne sont pas toujours complétement siliceuses, elles renferment quelquefois des parties calcaires ; on a ainsi trouvé de 4 à 9 0/0 de carbonate calcaire dans divers échantillons de meulière bien caractérisée, recueillis près de Plessis-Picard, de Servon, et dans la forêt d'Armainvilliers, au milieu des argiles ocreuses, grises et rougeâtres, qui caractérisent proprement la formation des meulières inférieures.

Des puits naturels traversent en tout ou en partie le calcaire lacustre inférieur. Le plus remarquable s'ouvre au fond de la vallée de Tournan, au pied de l'étang de Vilgenard. Ce puits reçoit l'eau qui a passé sur la roue d'un moulin ; il traverse le roc solide ; sa forme est irrégulière, il a plus de 1 mètre de diamètre à son orifice. Il paraît qu'il existe encore dans la même vallée d'autres puits absorbants moins remarquables. On voit un gouffre du même genre au pied de l'étang de Ville-Fermoy.

Les sables supérieurs, certainement en place, forment un grand nombre de collines isolées. Ils se trouvent ainsi à La Sablonnière, à l'est de Pont-Carré, près de Brie-Comte-Robert, du hameau des Étards, de celui de Champigny, au sud-ouest et au nord-est de Yèbles, près de l'Étang, de la ferme de Mons, de Mormant, près de Glatigny et de Bonbon.

On trouve dans les bois de Massoury plusieurs monticules sableux. Quatre chaînons parallèles de co'lines, dirigées presque de l'est à l'ouest dans le sens de leur allongement, s'élèvent à l'est de Melun. A l'ouest, des éminences isolées sont alignées à peu près sur le prolongement de ces collines. Dans la plaine de Chailly de petits amas de sables ou de grès s'alignent aussi d'une manière remarquable entre eux et avec les longues collines de grès de la forêt de Fontainebleau. Ces collines elles-mêmes dominent le village d'Arbonne.

Tous les monticules sableux qui environnent Melun renferment du grès vers leur partie supérieure. De l'autre côté de la Seine ils en sont presque uniquement composés. On n'a jamais rencontré à la base des sables supérieurs les couches marneuses coquillières si constantes dans d'autres contrées.

Le calcaire lacustre supérieur forme le plateau couvert par les bois de Thurelles, et le sommet des éminences voisines. Un lambeau de ce calcaire se trouve au sommet des roches d'Arbonne.

Le terrain remanié des plaines est généralement sableux avec une épaisseur variable, souvent fort grande. Les sables remaniés plus ou moins mélangés des débris des argiles à meulières, des marnes et des glaises du calcaire lacustre inférieur composent une terre végétale en général très-fertile, quelquefois maigre ou humide quand ils reposent directement sur les glaises vertes, alors ils sont couverts de bois (forêt d'Armainvilliers).

Le terrain de transport de la vallée de la Seine est ordinairement fort resserré entre les coteaux escarpés qui bordent la vallée. Il s'élève très-haut cependant dans l'anse formée par la Seine en face de Melun. On trouve ce terrain de transport au-dessus de Dammarie et de La Rochette ; et l'on rencontre jusqu'à La Table-du-Roi, à 65 mètres au-dessus du fond de la vallée, des fragments assez volumineux des poudingues de l'argile plastique qui ont été élevés presqu'au sommet de la formation sableuse. Entre Boissise et Morsang on observe, dans la falaise de travertin inférieur qui borde la Seine, plusieurs excavations remplies de sable grossier stratifié. Ce sable, très-élevé au-dessus du niveau de la rivière, est évidemment un dépôt diluvien.

Le fond des vallons de l'Écolle et de l'Anqueuil est couvert d'un atterrissement quelquefois un peu tourbeux ; mais on n'a point trouvé dans ces vallées de terrain de transport proprement dit. Il en existe dans quelques parties de la vallée de l'Yères ; elle est d'ailleurs si resserrée, que ce terrain y est nécessairement peu développé, et l'on n'a pas eu l'occasion de l'observer sous l'alluvion qui le recouvre. Il paraît qu'il est formé de gravier calcaire roulé et arrondi. Dans les vallées de l'Anqueuil et dans quelques-uns des vallons affluents on trouve, dans le terrain d'atterrissement, de véritable tuf calcaire formé par des eaux incrustantes.

En résumé, les plaines de l'arrondissement de Melun, élevées moyennement de 80 à 90 mètres au-dessus du niveau de la mer, présenteraient, si l'on y perçait un puits, à peu près la coupe suivante :

1°   Meulières ou calcaire siliceux, 7 à 8 mètres ;

2° Marnes verdâtres..........   Glaises vertes ....   au plus 6 mètres ; Marnes blanchâtres.......

3°   Marnes ou calcaires marneux, quelquefois calcaires compactes, spathiques, ou siliceux ....   Épaisseur variable qui peut atteindre jusqu'à 70 mètres.

4°   Marnes sableuses.........   5°   Sables et argiles..........   Épaisseur variable de 26 à 40 m.

6° Craie.

On peut être certain que toute éminence qui s'élève au-dessus du niveau moyen des plaines (80 à 90 mètres) est composée de sable en place ou remanié.

L'eau se trouve à cinq niveaux différents.

Elle est d'abord retenue à la surface des plaines par les glaises des meulières inférieures. Les glaises vertes forment ensuite un niveau général et très-régulier, et tous les ruisseaux prennent leurs sources à cette hauteur. Enfin l'argile plastique fournirait deux et probablement trois niveaux différents, le premier dans les marnes grossières qui forment passage au travertin inférieur, et les deux autres dans les sables compris entre les couches argileuses. En allant chercher l'eau par des trous de sonde jusque dans la formation d'argile plastique, on est à peu près certain de l'obtenir en abondance et avec un relèvement considérable ; insuffisant toutefois pour la ramener à la surface du sol, excepté dans le fond des vallées.

On peut ainsi espérer que, dans la vallée de l'Yères, les eaux monteraient à 40 mètres environ au-dessus du niveau de la mer, résultat obtenu à Champrosay. A Corbeil ce relèvement n'est que de 34 mètres ; il est probable qu'il se maintiendrait tout au plus à cette hauteur en remontant la vallée de la Seine, puisqu'on se rapproche continuellement des affleurements de l'argile.

Arrondissement de Provins.

La craie forme l'enceinte du bassin tertiaire depuis Villenauxe jusqu'à Montereau. Elle s'élève en falaise sur la rive gauche de la vallée de la Seine. Ses affleurements remontent dans les vallons affluents, où ils forment le pied des coteaux. Entre la Seine et l'Yonne la craie est constamment à nu à la surface du sol.

La roche n'a présenté nulle part de caractères particuliers. Elle est blanche, médiocrement consistante et renferme des silex gris. Vers son contact avec l'argile plastique, elle est souvent jaunâtre ; mais cette modification semble due à des infiltrations ferrugineuses postérieures à son dépôt, et ne paraît pas changer ses autres propriétés.

La craie s'enfonce vers le nord-ouest. Outre cette pente générale sa surface présente des inégalités souvent considérables ; et l'on remarque sur la ceinture même du bassin tertiaire de grandes différences de niveau qui se communiquent au terrain d'argile plastique qui la recouvre immédiatement, et même au calcaire lacustre.

On voit dans un petit ravin à l'ouest du hameau de Dival le contact de l'argile plastique et de la craie à une altitude qui ne peut différer beaucoup de 100 mètres. Dans les bois de la Saussotte la craie s'élève à 167 mètres, et à près de 146 mètres au fond d'un ravin qui s'ouvre au sud de Mont-le-Potier. Deux éminences situées entre Mont-le-Potier et la Saussotte, et par conséquent à moins de deux kilomètres de distance des points que l'on vient de citer, montrent au contraire à leur sommet non-seulement l'argile plastique, mais encore les restes du travertin inférieur. L'une de ces éminences a 166 mètres environ d'élévation, l'autre seulement 143, de sorte que la craie ne peut s'élever dans le premier point à plus de 140 mètres, et dans le second à plus de 120 mètres. Au-dessous de l'église de Saussotte, au contraire, la craie n'atteint pas plus de 90 mètres.

A l'ouest de Chalautre-la-Grande, la craie est à moins de 125 mètres d'élévation. Au Signal-du-Bois-Ragot, à 1,800 mètres de distance environ, elle atteint 171 mètres. Enfin elle se trouve à peu près à 102 mètres sur la route de Nogent à Provins. Toutes les localités qu'on vient de citer se trouvent sur la limite du terrain tertiaire, réparties sur une étendue de moins de 15 kilomètres.

La craie est exploitée dans un grand nombre de localités dans la vallée de la Seine, dans celles qui descendent de Provins, de Donnemarie, etc. Elle sert de marne et de pierre à chaux.

Le calcaire pisolithique a été observé dans les talus d'un chemin qui monte de Tachy au bois de La Tour. On y voit des plaquettes d'un calcaire grenu situé entre la craie et l'argile plastique. Cette localité ne présente pas d'ailleurs une coupe complète, et on ne peut y observer clairement les

rapports de ces trois terrains entre eux. On a
trouvé aussi, au pied des bois voisins du hameau
de Four, dans une excavation où l'on avait tiré
autrefois de la craie, des fragments d'un calcaire
absolument semblable au premier. Il est probable
que le calcaire pisolithique existe dans cette localité au-dessus de la craie.

L'argile plastique forme au-dessus de la craie
un affleurement puissant et continu.

Ce terrain a une constitution qui n'est pas à
beaucoup près uniforme. Il est essentiellement
composé de sables grossiers dans lesquels se
trouvent des bancs subordonnés d'argile, et ces
bancs sont ordinairement rassemblés en deux
groupes séparés par une assez grande épaisseur
de sables. Vers la partie supérieure les sables deviennent marneux et passent même à des marnes
presque complétement calcaires, mais dont la lévigation sépare encore un sable grossier. Ces
sables marneux ou ces marnes enveloppent de
gros blocs de grès à grains grossiers, très-durs, à
ciment ordinairement un peu argileux, quelquefois purement siliceux ; ils ont alors une cassure
lustrée. La surface des blocs de grès est rugueuse
et ils se distinguent facilement par là, ainsi que
par l'aspect de la cassure, de ceux de l'étage tertiaire moyen. Les marnes et les grès renferment
quelquefois des silex arrondis ; quand le ciment

du grès est siliceux, ces galets paraissent en quelque sorte se fondre dans la pâte. Les grès de l'argile plastique se rencontrent souvent en très-grande quantité à la surface du sol, entre autres dans le vallon de Salins, à l'est de Repentailles ; dans le vallon d'Orvilliers, à l'ouest de Thénisy, au-dessus du Plessis-Mériot ; mais principalement aux environs de Mont-le-Potier, et surtout au sud de ce village dans les vallons qui débouchent vers La Saussotte. Les grès, déchaussés par l'enlèvement des sables inférieurs, s'y sont amoncelés à la surface du sol.

Les sables inférieurs sont ordinairement ferrugineux ; ils renferment même des géodes et des plaques de fer hydroxydé sablonneux (bois de Saint-Féréol, Villenauxe, Mont-le-Potier). Vers le bas ils enveloppent quelquefois des galets de silex noir ; on en voit dans les bois de Saint-Féréol, au dessus de la Fontaine-aux-Bois, autour de Donnemarie et de Dontilly, et entre autres au dessus du hameau du Plessis-aux-Chats, où on les exploite pour ferrer les routes. On trouve quelquefois ces galets unis par un ciment solide siliceux et ferrugineux qui en fait de véritables poudingues (Thenisy).

Les sables sont de couleurs blanche, jaune, isabelle, rouge, etc. On les exploite dans un grand nombre de localités ; à Orvilliers, à Montigny-

Lencoup, au-dessus de Dontilly, de Donnemarie, à Mons, au Cessoy, de part et d'autre de la vallée de la Voulzie jusqu'à Provins, à Soisy, au-dessus de Blunay et de Maulny. Dans cette dernière localité on a recueilli dans les sables des tiges de végétaux transformées en grès.

L'argile plastique forme des couches subordonnées, souvent fort épaisses au milieu des sables. Beaucoup d'extractions y sont ouvertes à Salins, à Montigny-Lencoup, à Dontilly, à Bécherelle et à Laval, au hameau de Four, entre Lourps et Savins, et dans plusieurs localités de part et d'autre de la vallée de la Voulzie, à Chalautre-la-Grande, dans les bois de La Saussotte, autour de Mont-le-Potier, de Villenauxe, etc.

L'argile est blanche, grise, rouge, lie-de-vin, on l'emploie pour la confection de la tuile, de la brique et la poterie commune. L'argile blanche est réfractaire et propre à la fabrication de la faïence.

On rencontre aussi dans la formation d'argile plastique des sables argileux noirs mélangés de lignites pyriteux. Ces lignites paraissent former, comme les argiles, des couches subordonnées de peu d'étendue, et dont la position n'est peut-être pas absolument déterminée. A Provins ils sont en conctact immédiat avec une brèche crayeuse de peu d'épaisseur, qui repose elle-même sur la

craie. Au-dessus du lignite vient l'argile, et, au-
dessus de l'argile, le sable et des grès ferrugineux.
Ces lignites renferment des coquilles et des ossements ; on a également trouvé à Mont-le-Potier
des coquilles dans des sables et des argiles ferrugineuses vers le bas de la formation.

Le terrain d'argile plastique contient aussi
du fer hydroxydé, en rognons, ou en petits lits
ordinairement en rapport avec les bancs d'argile.
On en a trouvé aux tuileries de la Saussotte ; dans
une fouille à l'ouest de Dontilly, et à Montigny-
Lencoup ; ce minerai de fer est riche, mais ne se
rencontre qu'accidentellement et en petite quantité.

On a observé près de Laval de gros fragments
roulés d'argile bigarrée pure, engagés au milieu
de sables grossiers blancs, faisant partie de la
même formation. On a vu également, tout à fait
à la partie inférieure de la formation d'argile
plastique, des argiles blanches très - marneuses
distinctement stratifiées. Ces argiles marneuses
passent à une brèche crayeuse qui repose directement sur la craie (un ravin entre Savins et
Lourps, hameau de Dival).

L'argile plastique n'existe pas à la surface de
la craie entre la Seine et l'Yonne : un tertre assez
élevé entre Balloy et Vinneuf paraît seul en conserver quelques restes, et le plateau qui l'envi-

ronne est couvert de galets qui proviennent de cette formation, mais ne sont pas en place.

En dehors du département, les bois de Pont, au sud de Pont-le-Roy, couvrent une éminence formée en partie par l'argile plastique.

Des coupes détaillées de la formation d'argile plastique n'ont pas un très-grand intérêt à cause des différences de détail que présente la composition de ce terrain dans des localités assez rapprochées. Il est assez rare d'ailleurs de rencontrer des coupes complètes. On citera néanmoins la suivante observée dans un ravin entre Savins et Lourps :

1° Marnes du travertin inférieur ;
2° Marnes sableuses calcaires ;
3° Sables marneux avec quelques petits blocs de grès ;
4° Sables argileux couleur de rouille ;
5° Argiles sableuses noirâtres avec rognons de pyrite en décomposition, vers la partie inférieure quelques rognons de grès très-dur à cassure lustrée renfermant des grains verts ;
6° Sables argileux gris ;
7° Argiles grises, vers le bas quelques lits de fer hydroxydé. Dans l'argile quelques rognons de minerai de fer ;
8° Sables grossiers ;
9° Argiles pures ;
10° Argiles marneuses ;
11° Brèche crayeuse,
12° Craie.

Les trois subdivisions du calcaire lacustre inférieur sont bien distinctes dans une partie de l'arrondissement, mais vers les limites du bassin elles sont moins tranchées et ne sont plus reconnaissables que dans des coupes nettes et complètes qu'on rencontre rarement.

Le travertin inférieur est à l'état de calcaire plus souvent qu'à celui de marnes. Ce calcaire est quelquefois siliceux et presque toujours assez dur. On l'exploite comme moellon et pour la réparation des routes dans les vallées de l'Aubelin et de ses affluents; dans celles qui entourent Jouy-le-Chatel; dans les vallons du Ru-du-Saule, de Contraille et de l'Yvron, où il est souvent très-siliceux et renferme de véritables meulières, notamment au-dessus de Closfontaine et de La Croix-en-Brie, dans le ravin des Rolards, et dans ceux qui se réunissent pour former le ruisseau de Durtein, aux environs de Meigneux et de Donnemarie, etc.

Le travertin inférieur affleure dans les coteaux qui entourent Provins, et les talus des routes permettent d'en étudier la structure. Ils présentent à peu près la coupe suivante :

1° Au niveau des plaines, terrain diluvien.
2° Meulières dans une argile ferrugineuse..
3° Calcaire siliceux en gros blocs dans des
    marnes. . . . . environ. 5

4° Calcaires compactes en plaquettes avec infiltrations spathiques et siliceuses ; environ............................ 2

5° Calcaires à coquilles marines, un peu terreux vers le milieu de leur épaisseur, compactes et susceptibles de poli vers le bas et surtout vers le haut ; environ.............. 2 50

6° Calcaires compactes en petites couches ; environ....... 4

7° Marnes blanchâtres et marnes verdâtres ; environ........ 2 50

8° Marnes jaunâtres un peu feuilletées, nodules strontianiens ; environ................................... 0 50

9° Calcaires marneux en lits minces et discontinus ; environ.. 1

10° Calcaire bréchiforme très-dur, qui fournit d'excellente pierre de taille. Ce banc forme dans les coteaux un horizon régulier et reconnaissable, il est pourtant loin d'être homogène, certaines parties se désagrégent, de sorte que les blocs résistants sont discontinus ; environ.......... 3

11° Calcaires plus ou moins marneux en petites couches, quelquefois feuilletés ; ils renferment une assez grande quantité de coquilles d'eau douce 25

12° Sables..............................⎫
Argiles..........................⎬ environ....... 8
Lignites ....⎭
Craie.

Cette coupe est celle des coteaux de Saint-Brice, de Culoison et des Éparmailles.

Le banc de calcaire bréchiforme fait un gradin marqué dans les talus des coteaux ; ses blocs se trouvent aussi éboulés à un niveau inférieur aux environs de Sainte-Colombe. Ils descendent jusque sur la craie.

Les coteaux qui regardent la Seine et le vallon de Villenauxe sont composés à très-peu près de la même manière. Les bancs inférieurs peu solides s'y distinguent aussi des bancs supérieurs ;

mais ceux-ci ne fournissent pas des blocs de pierre aussi volumineux qu'aux environs de Provins. On en tire du moellon dans quelques localités, entre autres au-dessus. de Chalautre-la-Grande. On a rencontré à la surface du sol, au sommet de ce coteau, des blocs de calcaire à coquilles marines, semblable à celui de Provins; mais on n'a pu retrouver ce calcaire en place.

Les glaises vertes forment une assise distincte dans le canton de Villiers-Saint-Georges et de Nangis. Elles alimentent un grand nombre de tuileries. On citera seulement celles de Cerneux, Monceaux, Corberon, Rubentard, Chenoise, etc.

Les marnes blanchâtres qui accompagnent les glaises vertes et les recouvrent sont aussi exploitées dans un grand nombre de localités; près de Jouy-le-Chatel, du Plessis-Henault, de La Croix-en-Brie, entre Rampillon et Meigneux, près de. Sognoles, de Beauchery, de Villiers-Saint-Georges, etc.

Le travertin supérieur et les meulières forment le sol des plaines; la meulière est presque toujours à la surface, mais elle repose rarement sur l'argile verte et en est ordinairement séparée par des marnes plus ou moins épaisses avec blocs de calcaire siliceux, ou même par quelques bancs de ce calcaire.

On voit aussi quelquefois la meulière disparaître, et les marnes ou le calcaire siliceux sont immédiatement sous la terre végétale. L'amincissement d'une des roches correspond toujours à l'augmentation de puissance de l'autre.

Au sud-est de Provins les subdivisions du calcaire lacustre sont moins distinctes, et l'ensemble de la formation paraît aminci par le relèvement de la craie. Sur la lisière de la forêt de Sourdun, au sommet du coteau de la Seine, on trouve de gros blocs de meulières réunis à des blocs de grès de l'argile plastique et à des grès des sables supérieurs.

Le calcaire lacustre est percé de larges tubulures verticales dans lesquelles se perdent des ruisseaux, ou l'eau des pluies rassemblée par des ravins. Ces gouffres ne sont pas rares dans l'arrondissement de Provins. On en a reconnu sur les communes de Saint-Just, de Champcenest, de Gimbrois, de Beauchery, et il en existe probablement encore d'autres. Un de ces puits absorbants est ouvert près de La Forestière en dehors du département; il traverse le travertin supérieur, les glaises vertes et le travertin inférieur, et communique, dit-on, souterrainement aux sources de Fontaine-Vaunoise. Il paraît qu'on trouve encore des puisards dans la plaine entre Léchelle, Chalautre-la-Grande, Fontaine-sous-Montaiguillon et Louan; et qu'on en voit aussi dans le voisinage de la ferme de la Tuilerie commune de Cerneux et non loin de Sous-Chaise commune de Sancy. D'autres sont près de la limite du département à Escardes, aux Essarts, etc.

Ces gouffres absorbants s'arrêtent probablement presque tous à l'argile plastique et alimentent les nappes d'eau souterraines qu'on rencontre toujours dans cette formation. La craie est aussi très-fendillée dans le vallon de Villenauxe, car les eaux du ruisseau s'y perdent en plusieurs endroits dans les années de sécheresse.

Les gouffres du calcaire lacustre paraissent être des entonnoirs coniques ou cylindriques plutôt que des fentes, et sont probablement analogues aux puits naturels du calcaire grossier. On a observé dans la carrière de Sainte-Marguerite, ouverte à 8 kilomètres au sud de Montereau, près du bois de Belle-Fontaine, des puits de ce genre qui traversaient le travertin inférieur; leurs parois étaient lisses et leur cavité intérieure comblée par du sable remanié. Si de pareils puits eussent débouché dans le fond d'un ravin, le remplissage meuble n'aurait pu retenir les eaux, qui se seraient bientôt ouvert un passage.

Les sables supérieurs forment des lambeaux isolés à la surface des plaines; plusieurs sont remarquables par leurs formes allongées et leur alignement de l'est à l'ouest. On citera entre autres la butte de Monceaux, la série de hauteurs qui commence à Nesle-la-Réposte et se termine au delà de Courchamp; et celle qui s'étend de Courtiou jusqu'à 2 kilomètres de Léchelle.

Le sable est incontestablement en place dans les buttes qu'on vient de citer; il renferme des grès exploités, ainsi qu'à Nangis, Rampillon, aux bois de Saint-Martin, à ceux de Saint-Germain, de Laval, de Malvoisine, du Fresnoy, à l'ouest de Lizines, dans la forêt de Sourdun et au buisson des Grottez. Dans la dernière localité on a vu, engagés dans ces grès qui appartiennent incontestablement au terrain tertiaire moyen, des silex non roulés, bien reconnaissables, et provenant de la craie.

Dans les bois de Paroy, près du hameau du Four, et dans la forêt de Preuilly, près de la tuilerie, les sables de l'étage tertiaire moyen se montrent presque en contact avec ceux de l'argile plastique. Ils se distinguent facilement par leur homogénéité, par leur grain égal, des sables grossiers de cette dernière formation; la nature minéralogique des grès n'est pas moins différente et ne permet pas de les confondre. Dans ces deux localités le calcaire lacustre paraît excessivement aminci et n'est plus représenté que par les marnes sableuses qui servent de passage entre le travertin inférieur et les sables de l'argile plastique.

Dans les bois de Paroy la succession des couches est la suivante :

1º Au bas du coteau, la craie;
2º Dans une ancienne fouille déjà citée, des débris hors de place de
     calcaire pisolithique ;
3º Des sables grossiers ;
4º Des argiles ;
5º Des sables grossiers ;
6º Des argiles ;
7º Des sables argileux et marneux avec grès ;
8º Marnes sableuses ;
9º Une couche superficielle mince et peu distincte de sables avec petits
     blocs de grès très-différents minéralogiquement des premiers.

Dans les bois de Preuilly on trouve :

1º Au bas du coteau, la craie ;
2º Des silex roulés noirs dans une marne argileuse ;
3º Des sables grossiers ;
4º Des argiles plastiques blanches exploitées à la tuilerie ;
5º Une marne sableuse et argileuse avec petits blocs de grès ;
6º Des sables en couches superficielles avec petits blocs de grès fer-
     rugineux, peu durs, à grains égaux.

On a cherché inutilement au pied des sables
en place les couches coquillières situées ordinairement à la base de cette formation. Mais ces
couches paraissent représentées par les calcaires
marins intercalés dans le travertin supérieur, et
nulle part ces alternances, qui forment passage
entre deux terrains aussi différents, ne se pré-

sentent sur une aussi grande échelle et sur des couches aussi puissantes. Il est probable que ces couches marines forment de vastes lentilles intercalées dans le travertin supérieur. Il a été impossible en effet de retrouver rien d'analogue dans le coteau au-dessus de Gouaix, où ce terrain paraît cependant bien complet.

On trouve au sommet de la butte de Mont-Aiguillon des blocs de calcaire débris de la formation du calcaire lacustre supérieur : l'assise sableuse y est donc complète; elle paraît avoir environ 25 mètres.

Des éminences sableuses, souvent très-élevées, paraissent formées de sables remaniés; près du moulin de Chenoise on leur a reconnu plus de 10 mètres de puissance.

Le diluvium des plaines présente quelques particularités dans l'arrondissement de Provins. Dans la forêt de Jouy-le-Chatel on voit à la surface du sol des cailloux à demi roulés dans une argile maigre rougeâtre ou dans des marnes grossières blanches et vertes. Ces cailloux viennent en grande partie de la craie; ils conservent encore leurs formes anguleuses, et leur enveloppe de silice terreuse blanche n'est que partiellement usée. Plusieurs ont aussi un aspect jaspoïde particulier : ce terrain de cailloux recouvre quelquefois directement les argiles vertes. Les sables remaniés, fort épais vers le Plessis et vers Chenoise, passent dessus ce terrain de cailloux.

Sur les plaines qui dominent Provins on trouve souvent au-dessus des meulières une argile grossière ou des marnes verdâtres qui passent sous le sable remanié et s'en distinguent facilement. Dans ce terrain superficiel on rencontre du minerai de fer globuliforme et de gros fragments de chaux carbonatée, cristallisée, fibreuse, très-remarquables, et dont il serait bien difficile d'assigner l'origine. Ce terrain présente encore les mêmes particularités au-dessus de Nesle-la-Réposte.

Des scories qui sont répandues à la surface des plaines prouvent qu'on a dû tirer parti autrefois soit des minerais du terrain d'alluvion, soit de ceux de la formation d'argile plastique.

Les sables remaniés superficiels sont très-épais aux environs de Nangis; et l'on trouve de petits blocs de grès répandus en grand nombre dans la terre végétale.

Les plaines crayeuses qui s'élèvent sur la rive gauche de la Seine sont assez fréquemment couvertes d'une couche argilo-sableuse où il est souvent facile de reconnaître les éléments du terrain d'argile plastique, ses silex roulés par exemple, ses sables grossiers et surtout des blocs de grès sur l'origine desquels il ne peut rester aucun doute.

Le terrain de transport occupe une grande étendue dans la vallée de la Seine On ne trouve aucune fouille qui le mette à découvert sur une profondeur un peu plus grande. Au fond du vallon de Trainel le sol d'alluvion recouvre un gravier calcaire grossier assez semblable à certains terrains de transport du département de l'Aube.

Dans la vallée du Durtein et de La Voulzie le terrain d'attérissement offre des particularités remarquables. Superficiellement il est tourbeux ou composé d'un sable d'atterrissement ; à une certaine profondeur on trouve un tuf calcaire souvent épais de 2 à 3 mètres qui recouvre, à son tour, une tourbe noire et très-décomposée. Il paraît même que dans certaines localités le tuf forme deux couches séparées par de la tourbe. Ce tuf a enveloppé des végétaux de toute espèce dont il a conservé les empreintes.

Dans le vallon de Villenauxe un tuf du même genre existe sous le sol d'atterrissement, et le ruisseau est encore incrustant. Le tuf des environs de Provins a été déposé par des sources chargées de carbonate de chaux qui sortent de la craie ou de l'argile plastique après avoir traversé tout le calcaire lacustre inférieur. Les eaux de Durtein et de La Voulzie contiennent elles-mêmes du carbonate de chaux en dissolution.

Les niveaux d'eau sont au nombre de trois. Le

premier à la surface des plaines sur les argiles à
meulières, le second sur les glaises vertes. Mais
comme ces couches deviennent plus minces et
moins suivies vers les bords du bassin, ce niveau aquifère est aussi moins abondant et moins
régulier. Le terrain d'argile plastique fournit des
sources assez considérables. Le groupe n'est pas
constitué très-régulièrement, et il n'y a pas lieu
de distinguer plusieurs niveaux dans son épaisseur.

Enfin quelques sources sortent de la craie. Leur
position au sein de la roche ne parait soumise à
aucune règle.

Des eaux minérales sortent du terrain moderne
qui occupe le fond du vallon de Provins. On les
a rassemblées dans un puits qui a traversé les
couches suivantes.

1° Limon d'atterrissement marneux et
   sableux   4
2° Argile ocreuse , grise puis noire.   3
3° Tourbe compacte noire, argile py-
   riteuse   4
                           —
                          11

Ces eaux sont composées, d'après l'analyse de
MM. Vauquelin et Thénard, de la manière suivante :

Carbonate de chaux. 0 554
Carbonate de magnésie. . . .   0 724

Peroxyde de fer.	0 760
Oxyde rouge de manganèse.	0 170
Chlorure de sodium.	0 420
Chlorure de calcium.	traces.
Silice.	0 250
Matière organique.	traces.
Acide carbonique; quantité variable, environ. . . . . centim. cubes.	0 364

Au sortir de la source une grande partie des oxydes de fer et de manganèse est en dissolution dans l'eau à l'état de carbonates de protoxydes.

La température des eaux est égale à celle des sources environnantes et varie avec les circonstances atmosphériques; la quantité des substances minérales dissoutes diminue d'ailleurs dans les saisons pluvieuses; il est donc très-probable que ces eaux ne viennent pas d'une grande profondeur et qu'elles se minéralisent en traversant le terrain moderne qui couvre le fond de la vallée.

Arrondissement de Fontainebleau.

La craie s'élève rapidement dans les coteaux de la Seine et de l'Yonne au-dessus de Saint-Mammés et dans ceux du Loing en amont de Nemours. Elle se montre au fond de toutes les vallées ouvertes dans le plateau ondulé qui s'étend à droite de cette rivière. L'inclinaison moyenne de la surface de la craie est comme celle des vallées de l'est à l'ouest, mais généralement plus rapide.

Dans les falaises qui bordent les vallées de la Seine et de l'Yonne, la roche crayeuse est en général blanche et peu consistante, quelquefois cependant elle est jaunâtre et dure vers le haut, à l'approche de l'argile plastique. Cette dernière manière d'être est presque générale dans les vallées de l'Orvanne, du Lunain et du Loing. Quand la craie ne s'élève pas à une grande hauteur on n'aperçoit que la craie jaunâtre dure; la craie blanche inférieure est cependant visible aux environs de Voulx et de Dian, au-dessous de Cheroy et à Vaux, où on l'exploite comme marne, en face de Bagneaux, et à Mocquepoix, où l'on en fait du blanc d'Espagne

Dans la craie blanche les silex sont toujours noirs; cette couleur se conserve même habituellement dans la craie jaune; on y trouve cependant assez fréquemment des silex blonds, près de Montacher, à Nanteau, près du hameau de Bois-Roux, et au sud de Voulx. Ces silex blonds paraissent appartenir à la partie supérieure du terrain crayeux et ils se rencontrent assez ordinairement dans le voisinage d'une variété particulière de la roche calcaire. Celle-ci devient compacte à cassure esquilleuse et sans silex, de sorte que l'on pourrait presque confondre certains échantillons avec ceux d'un calcaire d'eau douce. On la voit ainsi à Voulx et à Bois-Roux. Cette craie compacte se trouve tou-

jours vers le haut et semble correspondre à des
éminences qui s'élèvent au-dessus de la surface
générale de la craie; elle appartient probablement à un niveau encore plus élevé que celui des
silex blonds. L'endurcissement de la craie superficielle et sa couleur jaunàtre ne sont pas les
résultats nécessaires de la présence de l'argile
plastique. On trouve en effet quelquefois cette
dernière en contact avec la craie blanche et tendre par exemple, entre Cheroy et les Servantières,
à Vaux, à la tuilerie de Voulx, etc. Il existe plu-
tòt quelque analogie entre la craie dure et la couche superficielle connue à Meudon sous le nom
de crayon.

Les inégalités de la craie sont très-remarquables; elles sont très-apparentes dans les coteaux
de la vallée du Loing, surtout sur la rive droite.
Ainsi à un kilom. environ au-dessous de Glandelles la craie s'élève au moins à 13 mètres au-
dessus du niveau de la rivière, à Glandelles même
son élévation ne dépasse pas 5 mètres, et au-
dessus de Souppes elle est de près de 100 mètres.

La craie atteint à peu près cette dernière hauteur près de Bois-Roux, où elle forme à la surface du sol un ilot au milieu de l'argile plastique;
et dans le petit vallon qui débouche à Flagy dans
la vallée de l'Orvanne. Au nord de Paley une éminence crayeuse de peu d'étendue s'élève au mi-

lieu de l'argile plastique ; enfin la craie fort élevée à Château-Landon s'enfonce rapidement vers
l'ouest en remontant la vallée du Fusain; de sorte
que sur un kilomètre de distance la différence de
niveau est au moins de 25 mètres.

Un lambeau très-étendu de calcaire pisolithique
est exploité dans les bois d'Esmans au sud de Montereau, il couronne une éminence crayeuse isolée.
Le plateau est couvert d'une épaisseur faible et
variable des sables de l'argile plastique qui renferment quelques galets siliceux. Beaucoup de
carrières sont ouvertes dans le calcaire et fournissent du moellon et de la pierre à chaux. Dans
plusieurs de ces carrières il existe une couche superficielle épaisse environ de un mètre d'argile sableuse qui enveloppe des rognons de calcaire remanié. Le calcaire en place se compose d'un
grand nombre de petits bancs peu continus et peu
distincts. Vers le haut il contient quelques nodules de fer hydroxydé; vers le bas il devient, à ce
qu'il paraît, fort dur, et les fouilles ne s'enfoncent
pas au-dessous de 4 mètres.

La roche est sableuse, à grain grossier et à texture lâche imparfaitement concrétionnée ; généralement un peu jaunâtre avec des parties terreuses
plus blanches et partiellement agrégées par un
ciment spathique.

Quoique les débris de la formation d'argile plastique existent en couche mince à la surface du calcaire pisolithique dans toute l'étendue du Bois-d'Esmans, cette même formation se retrouve à moins de 600 mètres de distance à un niveau inférieur d'au moins 15 mètres comme on peut s'en assurer dans les exploitations de la tuilerie de la Vilthe. Au dire des ouvriers, les sables de l'argile plastique y recouvrent immédiatement la craie blanche et tendre ; cette assertion ne peut d'ailleurs être révoquée en doute, puisque cette craie blanche paraît à quelques mètres au-dessous des exploitations d'argile au fond du ravin à l'origine duquel se trouve la tuilerie.

Il paraît donc difficile de méconnaître en ce point une opposition de stratification entre le calcaire pisolithique et l'argile plastique, cette dernière s'étend sur les lambeaux de ce calcaire comme sur les inégalités de la craie.

La formation de l'argile plastique est très-puissante et occupe une très-grande étendue à la surface du sol sur la rive droite du Loing ; la composition de ce terrain est d'ailleurs assez peu régulière. Dans son développement le plus complet il paraît se composer à la base de quelques argiles marneuses, puis d'un poudingue de cailloux roulés incohérents ou réunis par un ciment siliceux très-dur ; à ce poudingue succèdent des sables et des grès souvent engagés dans des marnes

sableuses qui forment passage au calcaire lacustre inférieur ; l'argile est en général associée aux
sables, ou les remplace souvent presque complétement.

La formation d'argile plastique se trouve presque jusqu'à Champagne, à peu de profondeur au-
dessous du terrain de transport de la vallée de la
Seine. A l'époque de l'étiage on voit suinter de ce
terrain de petites sources qui proviennent certainement de la formation argileuse ; près de La Celle
et au-dessous de Vernou un grand nombre de fontaines, dont plusieurs sont ferrugineuses, sortent
également à ce niveau. La formation d'argile plastique s'élève ensuite dans les coteaux à droite et
à gauche de la Seine. Sur la rive droite les poudingues inférieurs paraissent peu développés,
les sables et surtout les argiles dominent ; ces dernières ont donné lieu à d'importantes exploitations à Montereau et dans le vallon de Salins.
Il en existe aussi entre Saint-Germain et Courcelles.

Au-dessus de Courbeton, dans les bois de Châ-
tillon et dans la falaise qui borde la Seine au-
dessus de Courcelles, on trouve les poudingues
inférieurs incohérents et composés de galets dans
une argile sableuse ; à Montereau, à Salins l'argile
est en général recouverte d'une certaine épaisseur
de sable ; à Saint-Germain le sable paraît domi-

nant. Dans toute cette région, à l'argile ou au sable succèdent ordinairement une certaine épaisseur de sables marneux et de marnes sableuses dans lesquelles on trouve des silex et des grès compactes à cassure lustrée en rognons ou en blocs en général peu volumineux. Les marnes laissent par la lévigation un sable absolument semblable à ceux de l'argile, ils paraissent avoir été remaniés et mélangés de marnes pendant que le calcaire lacustre inférieur commençait à se déposer.

Sur la rive gauche de la Seine, aux environs de la ferme de La Colonne, les poudingues de l'argile plastique sont assez développés et sont superposés à des bancs d'argile pure. La formation argileuse occupe ensuite presque toute la hauteur du coteau près de Ville-Saint-Jacques et de Noisy-le-Sec. Elle se trouve à la surface du sol autour des buttes qui portent Belle-Fontaine, Montmachoux, les bois de la Forteresse, ceux de Saint-Agnan ; partout le poudingue de galets siliceux se trouve avec une épaisseur variable vers la partie inférieure de la formation ; mais il ne paraît pas agrégé en roches solides. Diverses variétés d'argiles le recouvrent ; et au-dessus de ces argiles on trouve constamment des sables et des grès.

Quand les sables de l'argile plastique sont à la

surface du sol, des masses de grès déchaussés sont souvent accumulées en nombre immense. Des blocs énormes couvrent ainsi plusieurs éminences sur la droite du vallon de Saint-Agnan, la partie basse des bois de ce nom sur le coteau opposé, et les bois situés à l'est de La Haie-au-Roi, les bois de La Bondue, et le coteau au nord de Voulx et de Dian. Dans toutes ces localités les grès et les sables paraissent supérieurs aux argiles. Vers le Puits-Quantin, au sud de Saint-Agnan, et au sud-est de la ferme de Malassise, on trouve, en très-grande quantité à la surface du sol, sur le terrain d'argile plastique, des galets en amandes transformés entièrement ou partiellement en silice farineuse. Ces galets peuvent appartenir au terrain d'argile plastique; mais comme on ne les a jamais vus qu'à la surface du sol, et qu'au contraire on les trouve engagés dans les sables supérieurs qui existent encore dans le voisinage, et qui ont primitivement couvert une beaucoup plus grande étendue, il est probable que ces galets ont été abandonnés après la destruction de la formation sableuse au sein de laquelle le silex peut avoir subi cette transformation.

L'argile plastique commence à se rencontrer dans la vallée de l'Orvanne, un peu au-dessus de l'étang de Moret dont elle forme probablement le fond imperméable. Ses poudingues se voient

très-bien près Villecerf et dans la plaine qui sépare ce village du hameau de Pimard, et du château du Gallois, de Villemer et de Treusy. Les
grès de l'argile plastique sont aussi assez abon-
damment répandus à la surface du sol en plusieurs endroits de cette plaine, notamment près du
château du Gallois, et au sud de Villemer. On les
voit en place au hameau de Rebour; ils sont encore, dans cette localité, situés vers la partie supérieure de la formation argileuse. Autour de
Bois-Roux, et principalement au-dessous de Momerie et de Bois-Huard, la formation de l'argile
p'astique est fortement amincie par le relèvement
de la craie : les poudingues et les grès disparaissent complétement; mais au pied du coteau de
Villemaréchal et de Saint-Ange-le-Vieil on retrouve les grès en blocs énormes et très-nombreux.
Ces grès sont répandus dans tout le bois que traverse la route de Voulx à Lorrez, et au sommet du
coteau qui borde la rive gauche de l'Orvanne.
La plaine comprise entre Voulx, Dormelles et
Villemaréchal, est tout entière sur l'argile plastique; et tantôt le poudingue inférieur, tantôt
l'argile, tantôt le sable, sont à la surface du sol.
La puissance de la formation est très-variable; ce
terrain suit jusqu'à un certain point les ondulations de la surface de la craie, qu'il a cependant
nivelées en partie, de sorte que son épaisseur est

ordinairement en raison inverse du niveau absolu de la craie. En plusieurs points il a plus de 30 mètres de puissance. Ainsi, au-dessus de Ferrottes on a fait, dans certains endroits, des fouilles de 10 mètres de profondeur sans sortir des argiles les plus pures.

Un gisement d'argile remarquable alimente la tuilerie de Voulx et présente quelques particularités assez intéressantes. Il forme un îlot au milieu de la craie qui de tous côtés se montre à un niveau plus élevé d'au moins 10 à 15 mètres. Il est évident que la formation argileuse a comblé une cavité assez resserrée, et ouverte comme un entonnoir dans la masse crayeuse : aussi a-t-elle pris un assez grand développement et renfermait-elle, à ce qu'il paraît, un banc de lignites assez épais et assez pur pour être exploité et employé à la cuisson des briques et de la tuile. En général on observe rarement quelques indices de lignites, et les combustibles de la formation d'argile plastique ne paraissent représentés dans ces cantons que par quelques filets de matières charbonneuses ou de sables noirâtres et bitumineux.

La plaine qui sépare Blennes de Chéroy est tout entière sur l'argile plastique. Sur la rive droite du Lunain les poudingues inférieurs, les sables et les grès sont très-développés ; et ceux-ci se trouvent à la surface du sol au-dessus de Villemaugis, du Grand-Courcelles et de Villefranche, principalement vers la limite du calcaire lacustre inférieur.

Les poudingues inférieurs ont aussi une grande puissance; ils affleurent des deux côtés du vallon, mais s'amincissent vers Lorrez et surtout vers Paley, où ils sont réduits à peu d'épaisseur. Ces poudingues sont en général composés de galets incohérents. A la tuilerie de Villeniard on exploite l'argile au-dessous des poudingues inférieurs. On a remarqué, dans les déblais provenant des fouilles, des fragments d'un calcaire très-argileux en petites plaquettes, il paraît que ce calcaire se trouve intercalé dans l'argile où il forme de petits bancs. On n'a pu le voir en place parce que les excavations étaient noyées et éboulées. On a aussi recueilli, dans la même localité, des échantillons d'argile sensiblement marneuse. Les particularités que présente cette argile tiennent probablement à ce qu'elle ne fait pas partie du banc argileux généralement exploité, mais plutôt des couches argilo-marneuses inférieures aux poudingues.

La plaine comprise entre Lorrez, Chéroy et le hameau de La Sablonnière, toute celle qui s'étend au sud de l'ancienne voie romaine est occupée par l'argile plastique. Les poudingues inférieurs pren-

nent surtout un grand développement. Le ravin
qui descend des bois d'Egreville à Lorrez, les coteaux du ruisseau de Bez, et des ravins qui viennent
d'Égreville, de Lagerville et des bois de Cercanceau le rejoindre vers son embouchure, permettent de reconnaitre toute la puissance de ces poudingues et leur superposition immédiate à la craie.
Les poudingues paraissent même quelquefois à la
surface de la plaine; alors le sol est couvert de
galets dans une terre argileuse maigre, et la formation d'argile plastique est incomplète de ses
couches supérieures; quand elle est entière, la
surface du sol est ordinairement sableuse ou purement argileuse, on y rencontre quelques blocs
de grès et des galets en petit nombre, ceux-ci
viennent alors des sables.

La formation argileuse est ordinairement complète dans le voisinage des limites du calcaire
lacustre qui la recouvre. Aussi sur la rive droite
du ravin qui descend des bois d'Égreville, près
du Point-du-Jour, de Bruyères, de Tanchère,
de Passy, jusqu'à La Normandie près Lorrez,
existe-t-il de nombreuses tuileries. On extrait
du sable dans plusieurs localités; et dans presque toutes les fouilles on exploite à la fois les
dernières couches du calcaire lacustre comme
moellon ou comme marne, et la première assise
sableuse du terrain d'argile plastique. Au-dessous

de ce sable grossier on trouverait l'argile. On peut observer un grand nombre d'excavations de ce genre sur le chemin d'Egreville à La Sablonnière et autour de La Borde : quand l'argile est près de la surface, les excavations retiennent les eaux et produisent des mares.

L'argile plastique affleure sur la rive droite du Loing depuis Écuelles jusqu'au-dessus d'Épisy. Elle n'est pas visible sur la rive gauche. Dans le ravin des Carrières elle est exploitée, et l'on y remarque de gros galets de silex colorés sur une grande épaisseur de jaune d'ocre ou de lie de-vin comme l'argile dont ils sont enveloppés. On a aussi trouvé dans cette argile de petites veines de minerai de fer hydroxydé assez riche.

La formation argileuse est fort élevée auprès de l'étang de Villeron, près de la bonde duquel on découvre la craie blanche. Les sables avec quelques blocs de grès ont une grande épaisseur à droite et à gauche de ce petit vallon. Sur la gauche du Lunain ils s'élèvent assez pour s'étendre dans la plaine. A Nonville ils paraissent reposer sur la craie blanche; les sables contiennent vers le bas une assez grande quantité de galets, vers le haut des blocs de grès. Ces sables sont souvent plantés de bois.

La formation argileuse s'abaisse en amont de la Genevraye; à Plaine on trouve à peu de profon-

deur des sables, des grès et de l'argile. Entre
Moncourt et Nemours elle cesse d'être apparente
sur la rive droite du Loing, et le travertin inférieur se trouve au niveau de la vallée ; sur la
rive gauche, au contraire, elle se montre à Fol-
juif.

A Saint-Pierre l'argile est enfoncée au-dessous
du terrain d'alluvion, et commence à se relever
aux Fontaines ; à partir de ce point, sur la rive gauche ; et sur la rive droite, à partir des dernières
maisons du faubourg, la formation s'élève rapidement avec la craie. Les poudingues se développent,
et vers le haut passent aux grès. Les couches argileuses paraissent souvent manquer entièrement.
A la Roche on voit le passage des poudingues inférieurs à galets de quartz et à ciment siliceux, aux
grès à gros grains ; mais cette transition s'observe
surtout dans le ravin qui remonte de Glandelles à
Poligny ; les grès supérieurs aux poudingues passent à leur tour au travertin inférieur par des calcaires sableux très-durs et qui renferment aussi
quelques galets. Il semble qu'en ce point il y a
une sorte de liaison entre les deux formations superposées. Au-dessus de Glandelles les poudingues
et les sables continuent à être fort développés et
gagnent le niveau de la plaine, à la surface de laquelle ils occupent une vaste étendue ; les bois
de Bailly, ceux de Cercanceau végètent sur ce ter-

rain. Il faut remarquer cependant que les poudingues de l'argile plastique commencent à être
souvent recouverts superficiellement d'un autre
conglomérat de cailloux à demi roulés, avec lequel
il ne faut pas le confondre. Ce conglomérat assez
mince repose non-seulement sur l'argile plastique mais sur toutes les formations supérieures,
il a tout à fait les caractères de celui qui fait partie
du diluvium des plaines dans l'arrondissement de
Provins et qui s'y trouve sous le sable remanié
superficiel. On voit bien la superposition de ce
conglomérat de cailloux sur l'argile plastique
proprement dite dans les fouilles d'une tuilerie
voisine du hameau du Bois-d'Haies; il n'y a
aucune liaison entre l'argile et ce terrain superficiel, la surface de l'argile paraît au contraire
irrégulière et inégale comme si elle avait été sillonnée avant la formation du conglomérat qui la
recouvre.

Les poudingues et les grès de l'argile plastique
remontent le ravin de Chaintreauville. On peut remarquer qu'en général la formation argileuse se
termine par des sables ou des grès qui renferment quelques galets, et que la formation calcaire
superposée commence par des calcaires sableux
qui renferment eux-mêmes quelques galets de
silex. Dans cette localité, comme dans le vallon de
Poligny, on croit au premier abord voir un pas-

sage entre les formations superposées; mais il
n'est pas rare non plus de rencontrer, engagés
dans le calcaire, des fragments arrondis du grès
de l'argile plastique; ce passage apparent semble
donc tenir à ce que les matériaux de la formation inférieure ont été dégradés et remaniés en
partie par les eaux au sein desquelles se déposait
la formation supérieure.

La formation argileuse se montre ensuite sur
les deux versants du vallon de Fay, l'argile proprement dite y est même exploitée. Cette argile
paraît inférieure à des poudingues. Il n'est pas
bien certain que ceux-ci fassent réellement suite
aux bancs presque réguliers qui bordent la vallée
du Loing, peut-être faut-il plutôt les rapporter à
des conglomérats de galets en bancs subordonnés,
qui, comme on le verra plus loin, se trouvent dans
ce canton au-dessus de l'argile, mais qui paraiss-
sent indépendants du poudingue inférieur plus
développé qu'on rencontre au-dessous.

Les poudingues suivent ensuite le coteau de
Bagneaux et de la Madeleine. A la montée de Fro-
monceau des sables grossiers incohérents les séparent des marnes inférieures du calcaire lacustre. Dans le ravin au-dessous du Tillet on ne voit
pas de séparation entre les deux roches; dans celui où passe la route de Souppes à Château-Landon, il existe évidemment des argiles marneuses

inférieures aux poudingues; on ne voit pas d'ailleurs de séparation bien nette entre ceux-ci et les calcaires qui les recouvrent, car on trouve dans ces derniers des galets de silex. L'affleurement des poudingues suit encore les coteaux du Loing et ceux du Fusain. Vers Heurtebise on voit bien les grès, les sables et les argiles superposés à la masse principale de galets; il en est de même dans le ravin du Pont-Franc, et néanmoins, sur ce coteau, les dernières assises du calcaire renferment des galets et reposent sur un poudingue; ce dernier est donc supérieur aux sables, et diffère de celui qui couvre de cailloux les champs cultivés à un niveau inférieur aux carrières. Vers L'Étang et vers Fontaine les sables paraissent prendre une grande épaisseur, et les poudingues inférieurs s'amincissent en proportion; les sables supérieurs renferment des grès et des galets, mais en quantité peu considérable.

Les sables de l'argile plastique et l'argile elle-même se montrent encore vers le hameau des Salles à la traversée du ruisseau de Préfontaine.

La formation d'argile plastique renferme des minerais de fer. On trouve assez souvent dans les exploitations d'argile de petits lits de fer hydroxydé. Quand la formation d'argile plastique est à la surface du sol, on y rencontre aussi fréquemment des rognons de fer hydroxydé et quelquefois d'hématite rouge très-pure et très-riche. Ces rognons paraissent disséminés dans les poudingues inférieurs et aussi dans les sables et les grès supérieurs; on en a recueilli à ces deux niveaux des échantillons dont la situation ne pouvait laisser aucun doute. Ces minerais de fer paraissent avoir été autrefois exploités, on trouve d'anciennes scories, et les noms de Ferrottes, de La Forge, de La Fonderie portés par des hameaux ou par des moulins suffiraient pour en donner la preuve.

Les galets qui composent les poudingues de l'argile plastique paraissent avoir presque tous appartenu à la craie, leur couleur grise ou blonde et les fossiles qu'ils renferment sont assez reconnaissables. Un petit nombre sont formés d'un silex jaspoïde rougeâtre et quelquefois même de silex couleur de sang. On trouve des galets de ce genre dans les poudingues de la vallée du Loing; il est douteux qu'ils aient appartenu à la craie; il faut remarquer néanmoins que la couleur des silex due en général à une matière organique peut se modifier postérieurement sur une grande épaisseur; il suffira de rappeler qu'on trouve des galets teints partiellement de couleur jaune d'ocre ou lie-de-vin dans les argiles de mêmes nuances exploitées dans le ravin des carrières; et que des galets de silex gris qu'on rencontre maintenant au milieu des sables moyens ont pu passer en totalité ou en partie à l'état de silice farineuse.

Les subdivisions du calcaire lacustre inférieur sont bien tranchées et peuvent être facilement suivies, sur la rive droite de la Seine et sur les rives gauches de la même rivière et du Loing, en remontant jusqu'à Moret et jusqu'à Montigny ; plus haut au contraire, dans toute la région qui sépare le Loing de l'Yonne, ces subdivisions sont difficilement observables ; elles deviennent de moins en moins tranchées à mesure qu'on s'approche davantage des bords du bassin tertiaire.

Le calcaire lacustre inférieur couronne la falaise qui borde la rive droite de la Seine, il est même assez facile de distinguer presque partout d'abord la meulière, puis un calcaire siliceux, des argiles d'un gris verdâtre souvent un peu feuilletées, enfin le travertin inférieur ordinairement tout à fait calcaire et dont les marnes sableuses inférieures renferment des silex. Les meulières et le calcaire siliceux sont exploités, pour la réparation des routes entre autres, aux environs de Forges.

L'étage des glaises vertes donne naissance aux sources qui sortent à un niveau élevé près de Champagne et de Graville. On reconnaît facilement leur niveau au pied du rocher de Samoreau, leur épaisseur ne paraît pas dépasser 3 à 4 mètres ; au-dessous de ces couches argileuses on trouve une faible épaisseur de marnes, puis des calcaires généralement assez solides; ces calcaires paraissent former à ce niveau un banc assez continu, il fait presque toujours saillie dans les coteaux sur la rive droite de la Seine au-dessous de Montereau. Les bancs inférieurs sont moins épais et moins consistants.

Les calcaires solides sont exploités aux environs de Champagne, ils sont souvent pénétrés d'infiltrations spathiques et siliceuses.

La couche des glaises vertes et du calcaire siliceux qui la recouvre est facilement observable entre Samois et Valvins; dans cette dernière localité on exploite les calcaires du travertin inférieur.

Les glaises vertes remontent jusqu'à Fontainebleau, où elles donnent naissance à des sources; et on les a observées dans des fouilles sous le sol de la ville; on les retrouve au-dessus du château de La Rivière: à Thomery, le travertin supérieur paraît généralement à l'état de marnes calcaires.

Aux Carrières près Moret on exploite des bancs solides du calcaire lacustre inférieur tout à fait semblable à celui qu'on extrait près de Champagne. On retrouve enfin quelques indices des glaises vertes au pied du Tertre-Blanc et du Long-

Rocher, et à Bourron on a vu les mêmes glaises dans des excavations peu profondes.

Entre l'Yonne et l'Orvanne le calcaire lacustre inférieur forme le sol de la plaine entre le Tertre-Doux, les bois de Belle-Fontaine, Ville-St-Jacques, Écuelles et Saint-Mammès.

Excepté vers le sommet du coteau qui porte le buisson de Saint-Nicolas, les étages du travertin supérieur et des marnes vertes sont peu distincts, le premier paraît être constamment à l'état calcaire, on trouve pourtant à la surface du sol quelques meulières entre Ville-St-Jacques et Villecerf. Quant aux glaises vertes elles sont représentées par des marnes calcaires et magnésiennes jaunâtres et par des marnes grisâtres un peu feuilletées. Le sol des plaines est d'ailleurs couvert d'une couche de terrain remanié composé de marnes jaunâtres qui dissimule presque toujours le véritable sol géologique. Les bancs calcaires solides presque immédiatement inférieurs aux marnes vertes sont bien plus constants dans cette plaine; on peut les suivre dans les coteaux de la Seine depuis la ferme de La Colonne jusqu'à Saint-Mammès, dans ceux du Loing depuis Saint-Mammès jusques au-dessus de l'étang de Moret, au-dessus de la ferme de Belle-Fontaine, et au pied de la butte qui porte les bois du même nom. Dans cette dernière localité ces couches fournissent de belle pierre

de taille, on a remarqué dans la carrière qui y
est ouverte des puits naturels remplis de sable argileux.

Les bancs inférieurs à ces couches solides sont
en général moins épais et entremêlés d'assises
marneuses, la route de Montereau à Voulx tranche ces couches entre le Tertre-Doux et Rudignon.

Vers la limite du bassin les bancs solides deviennent plus rares, presque toute la formation
est à l'état de marnes ou de lits minces et peu
suivis. C'est ainsi qu'elle se présente autour des
bois de la Forteresse, de la butte de Montmachoux, sur le plateau qui domine Diant vers le
nord, autour de la Haie-aux-Bois et des Jonche-
ries. On n'a pas vu le calcaire lacustre dans les bois
de La Bondue, il paraît cependant qu'en fouillant
l'on trouve de la marne sous le point le plus élevé.

Entre Écuelles et l'étang de Villeron on remarque, comme partout, au-dessous des couches qui
représentent les glaises vertes, quelques bancs calcaires plus solides que le reste de la formation.
Au pied de la butte de Train on rencontre en outre, presque au contact du sable, des calcaires siliceux et des meulières.

Le coteau qui s'étend entre l'étang de Villeron
et Treusy a la même composition, les bancs solides peuvent même fournir de véritable pierre
de taille. Vers le sommet de ce coteau on trouve

quelques blocs de pierre meulière bien caractérisée, les mêmes bancs solides sont exploités près
de Treusy et au-dessus de l'Aunoy.

Des calcaires plus ou moins marneux forment
le sol de la plaine entre le hameau de Momerie
et Dormelles; au pied de la butte de ce nom et de
celle de Saint-Ange on distingue les bancs calcaires solides inférieurs aux glaises vertes; et,
comme équivalent de ce dernier étage, on trouve
des marnes magnésiennes et des marnes jaunâtres avec nodules de strontiane sulfatée. Entre
l'Orvanne et le Lunain, quelques marnières sont
ouvertes au hameau de Maurepas sur un dernier
lambeau calcaire; celui-ci forme ensuite le sol de
la plaine de Villemaugis à Chevry-en-Sereine, et
on le retrouve sur chaque versant de la plaine
élevée depuis Chevry jusque au-dessus de Treusy.
Sur la route de Lorrez à Voulx, et dans les bois entre Chevry et Saint-Ange-le-Vieil, le calcaire paraît réduit à peu d'épaisseur, et il n'est représenté que par quelques marnes, probablement à
cause du relèvement de la craie aux environs de
Voulx.

Sur le versant de l'Orvanne, à l'ouest de Ville-
chasson, le calcaire lacustre inférieur est à peine
observable entre les sables supérieurs et l'argile
plastique; sur le versant de Lunain, au contraire,
on peut toujours le suivre facilement; on l'exploite

dans des fouilles assez vastes aux environs de
Lorrez, et il a une grande épaisseur au-dessus de
Nanteau et à Treusy.

Entre le Lunain et le Loing, le calcaire lacustre présente quelques particularités; la plaine
qui sépare La Genevraye, Nonville et Nemours,
est presque tout entière sur ce calcaire; on le
voit ensuite au-dessus des poudingues de l'argile
plastique vers le sommet du coteau entre Nemours
et Glandelles; souvent il est aminci par le relèvement de la formation d'argile ou d'ssimulé par
l'éboulement des sables; sa hauteur est un peu
variable; en général elle s'élève vers Glandelles.
Près de Nemours elle atteint 90 mètres environ,
et 116 mètres environ près du Four à chaux, un
peu au-dessous de Glandelles.

Le calcaire lacustre remonte le vallon de Poligny, on le suit facilement à droite et à gauche,
et on le voit dans les deux vallons qui se réunissent à ce village, il paraît avoir de 15 à 18 mètres d'épaisseur. Il s'élève ensuite vers le sommet
du coteau, on le voit au Coudrai, à Fonteneilles;
mais à cause de l'amincissement de la formation
de grès supérieurs il devient difficile de saisir sa
limite et celle du calcaire lacustre supérieur; vers
Fonteneilles, vers Bailly, vers La Brosse, on voit
le calcaire en contact avec les poudingues de l'argile plastique; entre la Petite-Borde et Égreviile

on exploite les marnes de ce calcaire, à Égreville même on a vu tirer de la marne sous des blocs de grès en place qui par conséquent devaient appartenir aux grès supérieurs.

On a déjà parlé des marnières et des exploitations de moellon qui se trouvent dans la plaine du Point-du-Jour, du Ruth, de La-Borde. Dans le vallon de Préaux et surtout à Préaux même le calcaire a une très-grande épaisseur. Enfin on retrouve au-dessous des bois de Nanteau et de Darvault, sur la rive gauche du Lunain, le calcaire lacustre inférieur dont l'affleurement fort épais suit les contours du coteau au-dessous des grès supérieurs. Dans presque toute cette région, on saisit difficilement la limite des calcaires lacustres inférieur et supérieur, mais on exposera plus loin les observations qui ont servi à les déterminer.

Les mêmes difficultés se présentent sur la rive gauche du Fusain et du Loing.

Au Passard, au Gué-la-Ville on extrait du moellon calcaire au niveau et à une certaine hauteur au-dessus du fond de la vallée.

Les grès moyens se montrent entre les deux calcaires dans le pli de terrain qui vient du nord déboucher au Gué-la-Ville dans le vallon du Fusain. Le calcaire lacustre inférieur doit donc disparaître à l'est du village de Sceaux.

Un calcaire identique est exploité de part et d'autre du vallon jusqu'à Fontaine, où on le voit passer sur les sables de l'argile plastique. Les bancs exploités dans les vallées de l'Étang en sont la continuation. On arrive de là aux anciennes carrières de Château-Landon; à Château-Landon les renseignements pris auprès des ouvriers et l'examen des carrières ont fait connaître la coupe suivante :

1° Calcaire dur feuilleté en plaquettes minces et calcaires marneux ;
2° Divers bancs exploités. Ces bancs sont ordinairement au nombre de trois distinctement stratifiés, quelquefois ils se réduisent à un seul ;
3° Calcaire avec galets de silex, *clicart* des ouvriers ;
4° Poudingue siliceux vers le bas, marneux vers le haut ;
5° Sables et grès de l'argile plastique avec silex roulés.

Le poudingue siliceux qui se trouve immédiatement sous les couches calcaires et qui est supérieur aux sables de l'argile plastique n'est pas très-épais et paraît différent de celui qui couvre tout le coteau de galets de silex ; ce dernier, plus puissant, paraît inférieur aux sables.

Entre le poudingue et le calcaire on trouve quelquefois un lit mince et régulier d'argile marneuse.

Les derniers bancs calcaires et marneux sont souvent de couleur grisâtre assez foncée et fétides à la cassure. Leur épaisseur augmente à mesure qu'on s'éloigne du bord du coteau. Vers les bords de ce coteau les bancs calcaires sont moins réguliers et rompus ; ils sont traversés par des fissures remplies d'une terre argileuse maigre qui est répandue à la surface du sol. La surface supérieure de la roche calcaire est inégale et les angles des masses disjointes paraissent usés et arrondis.

Plusieurs carrières semblables à celles de Château-Landon sont ouvertes sur la rive gauche du Loing, entre autres à la montée de Souppes et à La Madeleine. Il est d'ailleurs facile de suivre les calcaires sans interruption au sommet du coteau jusqu'au-dessus du vallon de Fay, où il est aussi exploité, et même jusqu'à Saint-Pierre près Nemours. Dans le vallon de Chaintreauville on remarque que les premiers bancs calcaires passent aux poudingues et renferment des galets de silex et quelques fragments des grès de l'argile plastique.

A Saint-Pierre on exploite les bancs solides qui, comme on l'a dit, se rencontrent ordinairement vers la partie supérieure du travertin inférieur. Enfin le calcaire lacustre forme le sol de la plaine basse qui domine le hameau de Foljuif et le village de Grès. On tire du moellon en plusieurs points de cette plaine, entre autres dans un pli du terrain qui se dirige vers Larchant. Le

gouffre de Larchant, qui sert à l'écoulement des
eaux de cette plaine basse, est un puits naturel
semblable à ceux déjà signalés dans beaucoup
d'autres localités; il traverse toute la formation
du calcaire siliceux. Les eaux du marais de Larchant paraissent retenues par l'assise imperméable des glaises vertes.

Les trois subdivisions du calcaire lacustre inférieur se montrent distinctement à l'est de l'arrondissement de Fontainebleau dans la vallée de
l'Écolle autour de Noisy.

Près de La Renommière et de Chambergeot
les glaises vertes sont immédiatement au-dessous
d'un atterrissement sableux au fond de la vallée.
Au-dessus des glaises vertes le travertin supérieur
est à l'état de calcaire siliceux avec de véritables
meulières. A Noisy même et au Vaudoué il est
très-peu recouvert par du sable qui peut - être
n'est pas en place, et à Boissy-aux-Cailles il se
trouve à peu de profondeur. Dans tous ces vil-
lages l'eau des puits qui ne sont pas très-profonds
se rencontre dessus des glaises vertes.

Les sables supérieurs affleurent partout dans
la vallée de l'Essonne au-dessous d'Orville. Le
sable renferme vers sa partie supérieure de très-
gros blocs de grès qui paraissent dans les coteaux. A Auxy, à Buthiers, dans le vallon de
Ronceveaux, on a trouvé des plaques de grès noi-

râtres ferrugineuses et manganésifères au-dessus du banc discontinu de grès siliceux.

Les sables et les grès forment aussi les coteaux du vallon de l'École et affleurent dans la plaine au-dessus de Boissy-aux-Cailles. Autour de Noisy ils sont dénudés sur une grande étendue, et les grès forment plusieurs monticules qui se rattachent aux roches de la forêt de Fontainebleau. Dans le vallon de Meun les blocs de grès se trouvent en bancs continus.

Les sables supérieurs occupent une grande partie de la forêt de Fontainebleau. Les blocs de grès accumulés sur le sable y forment les collines étroites et allongées dirigées à très-peu près de l'est à l'ouest qu'on désigne généralement sous le nom de rochers. Le grès est exploité dans nombre de carrières ; au Long-Rocher, près de Franchard, de Bellecroix, etc. Cette dernière localité est connue par les belles cristallisations de chaux carbonatée quartzifère que l'on y a trouvées.

La formation sableuse n'est complète que dans les parties où elle est protégée par des lambeaux de calcaire lacustre supérieur qui la recouvrent. Partout ailleurs elle est dénudée profondément parce que les sables sont facilement entraînés par les pluies ou par les vents. Quand le sable est recouvert de calcaire il forme en général des buttes terminées par un sommet aplati plus large et dont les contours ne présentent pas des alignements prononcés comme ceux des collines de grès. Les collines recouvertes de calcaire portent ordinairement le nom de monts. Des blocs de grès se rencontrent seulement sur leurs pentes et au-dessous du calcaire.

L'assise sableuse quoique découverte paraît cependant à peu près complète près de la Croix-Franchard, dans toute l'étendue des Hautes-Plaines, et dans la plaine de La Haute-Borne. Ces plaines se rapprochent des monts par leur niveau et l'on y rencontre encore quelques fragments calcaires à la surface du sable. Dans la seconde on a trouvé quelques cristallisations imparfaites de calcaire quartzifère qui ne se voient guère qu'au contact du sable et du calcaire supérieur, dont les infiltrations paraissent avoir formé ces cristallisations remarquables.

Les monts et les collines de grès laissent souvent entre elles des espèces de vallons ouverts par les deux bouts, et ces vallons sont quelquefois assez profonds pour atteindre le calcaire lacustre inférieur. Il faut remarquer que dans son ensemble la forêt de Fontainebleau présente une ligne de faîte qui passerait à peu près par les carrefours des Grands-Feuillarts, de Franchard, du Grand-Veneur, de Bellecroix, et de Table-du-Grand-Maître. Les monts et les rochers s'étendent irré-

gulièrement à droite et à gauche de cette espèce
d'axe central, et forment un double versant irrégulier vers le Loing, vers la Seine, et vers la
vallée de l'Écolle. Ces deux versants en pente
inverse sont en rapport avec la disposition d'un
terrain composé de débris remaniés qui recouvrent souvent les talus du sable. Ce terrain est
composé de sables et de débris du calcaire lacustre supérieur. Quand il se rencontre au pied
des monts, l'on peut supposer qu'il a été sim-
plement produit par des éboulements ; mais
quand on trouve l'occasion de l'observer vers le
sommet des collines et dans des tranchées nouvelles, on reconnaît qu'il est formé de petits
lits disposés en stratification inclinée avec cet
arrangement un peu confus, mais cependant caractéristique des terrains produits par l'action
des eaux. L'inclinaison est d'ailleurs disposée
en sens inverse à l'est et à l'ouest vers les vallées de la Seine et du Loing et vers la vallée de
l'Écolle.

On a observé ce terrain sur le versant ouest en
suivant les chemins de Fleury, d'Arbonne, de
Milly, de La Gorge-aux-Archers ; sur le versant est,
au fond de la vallée de La Solle, de La Gorge-
du-Houx, et surtout à la montée du grand chemin
de Fontainebleau à Achères.

L'épaisseur de ces matériaux remaniés est assez

grande même sur les pentes des collines et plus encore dans les plaines basses où ils paraissent s'être accumulés; entre autres dans celle du Puits-du-Cormier, du Parquet-du-Roy, du Champ-Minette, du Parc-du-Roy. On en extrait même quelquefois du gravier calcaire en passant le sable à la claie.

La formation sableuse se suit sans interruption sur le versant du Loing depuis le Long-Rocher et le Tertre-Blanc jusque dans le vallon de Fay. En général ce sable, protégé par une certaine épaisseur de calcaire lacustre supérieur, est blanc et pur. Les roches de grès s'y montrent constamment vers la partie supérieure. A la montée d'Ormesson le sable renferme vers le bas une très-grande quantité de coquilles marines bien conservées.

Il est difficile de trouver l'occasion d'observer dans les coupes récentes et complètes le contact des sables et du calcaire lacustre inférieur. Il est probable qu'on rencontrerait souvent vers la partie inférieure des sables les couches subordonnées de marnes sableuses qui se trouvent souvent dans cette position. Il existe à Valvins des roches de ce genre. Des bancs de calcaires à texture grossière et à coquilles marines ont aussi été trouvés dans le gouffre de Larchant, et paraissent, comme à Provins, intercalés dans les assises du travertin supérieur. Les coquilles des sables d'Ormesson font penser que ces couches marines doivent aussi exister dans cette localité.

Les sables supérieurs sont faciles à suivre dans le vallon de Fay jusqu'aux environs de Maison-Rouge où l'on rencontre des grès en bancs continus. Au dessous de Fol-Juif et de Quenonville les grès s'enfoncent sous le terrain de calcaire lacustre supérieur.

Le mamelon qui domine Bagneaux est calcaire à sa partie supérieure, et ce calcaire est couvert d'une terre sableuse fort épaisse qui s'étend aussi sur ses pentes ; l'on y trouve aussi des fragments de grès. Le diluvium des plaines renferme, il est vrai, des roches de ce genre évidemment hors de place, de sorte qu'il serait difficile de tirer de cette circonstance aucune induction, si l'on n'avait observé un bloc de grès très-volumineux, brisé pour être enlevé, et qui était engagé dans une fouille profonde pratiquée tout entière dans du sable jaune qui ne paraissait nullement remanié. Le niveau de cette fouille comparé à celui de l'affleurement des sables de l'autre côté de la vallée, au-dessous de la ferme de la Forêt, ne permet pas de supposer qu'elle fût située ailleurs que sur l'assise des sables supérieurs.

Le mamelon qui porte La Madeleine présente

la même disposition; et divers renseignements ont appris qu'à Bougligny et à La Madeleine on rencontre dans les puits le sable entre 15 et 20 mètres de profondeur. L'assise sableuse est, à ce qu'il paraît, fort amincie, elle a au plus 8 mètres de puissance ; le sable a quelque consistance, de sorte qu'on le traverse facilement pour atteindre les premières couches du calcaire lacustre inférieur.

De La Madeleine à Château-Landon on perd de vue les sables en place. On trouve seulement dans la terre sableuse superficielle quelques fragments de grès et des fragments de calcaire sableux à coquilles marines. Mais ces débris paraissent appartenir au diluvium des plaines, qui recouvre presque sans discontinuité tous ces plateaux, et ne fournissent aucune indication précise. Il n'en est pas de même à Château-Landon, où les excavations ouvertes pour l'exploitation des carrières tranchent le terrain sur une assez grande profondeur. Le progrès des travaux de l'une de ces carrières, de celle de M. Henrey, permet d'observer sur une longueur d'au moins 100 mètres la coupe suivante de haut en bas.

1º Marne argilo-sableuse jaunâtre,
     épaisseur variable ;
2º Calcaire grossier sableux blanchâtre
     à coquilles marines. . . environ 0 33
3º Calcaire tendre incohérent blanchâ-
     tre. . . . . environ 1
4º Marne sableuse jaunâtre. . environ 0 66
5º Calcaire bréchiforme en bancs irré-
     guliers ; moellon. 1 25
6º Calcaire à coquilles d'eau douce. . 0 33
7º Calcaire compacte, dur, avec infiltra-
     tions spathiques, quelques co-
     quilles d'eau douce ; pierre de
     taille. 1 33
8º Calcaire gris-foncé, pierre de taille.

Dans d'autres parties de la carrière, des fragments de grandes dimensions de la couche nº 2 se trouvent engagés dans une marne sableuse verdâtre, d'épaisseur variable, qui appartient évidemment au diluvium des plateaux et se distingue de la couche sableuse jaunâtre superficielle qui constitue la terre végétale. Ces fragments, qui n'ont été ni usés ni roulés, ne paraissent pas avoir été transportés loin de leur position primitive. Ces couches à coquilles marines sont les équivalentes des calcaires de Provins, de Valvins, de Larchant, et représentent par conséquent la partie basse de l'assise des sables supérieurs.

Si l'on remonte un pli du terrain vers Mézinville et le Ménil, on trouve plusieurs fouilles où l'on exploite en même temps un sable coquillier et une épaisseur variable de calcaire lacustre supérieur qui lui-même fournit de la pierre à bâtir.

A Chenou et à Chenouteau le sable se retrouve dans les puits à une profondeur qui ne dépasse pas, à ce qu'il paraît, 6 à 7 mètres; à Buteau ce sable est presque à la surface du sol, il est recouvert seulement de 5 à 6 bancs de calcaire sans consistance ou en plaquettes irrégulières formant ensemble à peu près 1 m. 50; et comme l'exploitation n'est pas ouverte au point le plus bas du sol les sables doivent s'y trouver immédiatement au-dessus de la terre végétale. Une exploitation présente la coupe suivante :

1° 1 m. 50 de calcaire;
2° Sable pur;
3° Sable calcaire coquillier et grès friable coquillier;
4° Sables purs;
5° Sable un peu calcaire, coquillier, en petits lits;
6° Grès non-coquilliers peu consistants.

Au-dessous de ces grès on trouve encore, à ce qu'il paraît, du sable coquillier très-calcaire, et enfin de véritable calcaire sableux coquillier dont on a vu seulement quelques fragments récemment extraits. L'assise sableuse est d'ailleurs peu épaisse; car, d'après le témoignage des ouvriers, elle aurait au plus 6 à 7 mètres, et au-dessous on retrouverait 7 à 8 mètres de calcaire, puis des sables avec galets où l'on rencontre l'eau, de sorte que la nappe qui alimente les puits est à environ 22 ou 23 mètres de profondeur.

Vers la naissance du vallon qui débouche à Fontaine, on a eu aussi l'occasion d'observer des déblais provenant de petites fouilles récemment comblées. Ces déblais étaient composés d'un mélange de sable coquillier et de fragments de calcaire d'eau douce. Les fouilles avaient donc été ouvertes à peu près sur l'affleurement des sables. Enfin on exploite de gros blocs de grès, et l'assise sableuse paraît avoir une assez grande épaisseur dans le petit ravin qui descend, du nord au sud, au Gué-de-La-Ville. Ces divers points de repère fixent approximativement les contours de l'affleurement de l'assise sableuse. Il faut remarquer d'ailleurs que la détermination exacte de ces affleurements est impossible à cause de la couche de terre végétale et de terrain diluvien qui couvre le plateau. Quand les éléments qui composent ce dernier terrain sont un peu volumineux, ils n'ont pas en général été apportés de bien loin. Des sables granitiques à gros grains qui couvrent une partie de la plaine, entre autres aux environs de Nisseville, ne se retrouvent plus quand on s'éloigne, vers le nord, des affleurements de l'argile plastique qui paraît avoir fourni ces matériaux.

Dans une grande partie de la plaine haute qui sépare le Loing du Lunain, les points de repère sont encore moins rapprochés, et la détermination des affleurements du sable présente encore plus d'incertitude.

Sur la droite du vallon de Poligny la formation sableuse est fort puissante, elle sépare les calcaires lacustres moyen et supérieur bien caractérisés. Sur le chemin de La Glandelles à la ferme de La Forêt, dans un chemin d'exploitation qui se dirige à peu près directement de cette ferme à celle de La Folie, on a trouvé des coquilles vers la partie inférieure des sables. Au sud de Poligny l'assise sableuse est encore très-épaisse et renferme d'énormes blocs de grès. Elle s'amincit vers Montapot, on retrouve cependant au sommet du coteau des sables coquilliers, les mêmes évidemment qu'on vient de signaler du côté opposé du vallon. Le sol de la plaine des Rosiers et de Lepuy est tout entier sur le calcaire lacustre supérieur. Près du Boulay on retrouve encore les affleurements des sables coquilliers. Ces affleurements sont impossibles à reconnaître ailleurs que dans des fouilles, l'horizontalité de la plaine, et le diluvium épais qui la couvre, les dissimulent d'une manière complète.

Le point le plus rapproché où l'on ait ensuite reconnu le sable est Lagerville. On l'y exploite sous une petite épaisseur de calcaire. Ce sable est coquillier A Chaintreaux, à Fraville, on trouve, à ce qu'il paraît, le sable au fond des puits après avoir traversé une grande épaisseur de calcaire. On a observé dans le village même d'Égreville des blocs de grès qui ont tous les caractères de ceux de l'étage tertiaire moyen. De très-grosses roches de ce genre qui se trouvent près des dernières maisons sur le bord même de la route de Lorrez, sont moins biens caractérisées; mais on a tiré, à 30 mètres environ de distance de ces roches, et à un niveau plus bas, de la marne qui ne pouvait appartenir qu'au calcaire lacustre inférieur; l'âge des grès se trouve donc ainsi déterminé.

La plaine du Pesio, du Chameau est tout entière sur un calcaire dont la nature pourrait laisser des doutes; des carriers qui tirent du moellon dans cette plaine ont affirmé qu'on trouvait partout du sable à une grande profondeur au-dessous de ce calcaire, et qu'on était même obligé de le traverser quand on voulait creuser des puits. Au Pesio l'on a eu l'occasion d'examiner des déblais qui devaient provenir d'un travail de ce genre, ils contenaient du sable avec coquilles; enfin, entre Le Bouloy et Savigny, on a vu, tout à fait à la surface du sol, de petites fouilles dans le sable; celui-ci renfermait vers sa partie supérieure des rognons de grès calcaires avec de petites cristallisations de chaux carbonatée inverse.

La formation sableuse acquiert une grande

épaisseur dans les bois de Nanteau et de Darvault,
elle renferme à sa partie supérieure des blocs de
grès en bancs presque continus; dans les bois de
Darvault, on rencontre souvent les plaques de
grès ferrugineuses manganésifères qui recouvrent ordinairement le grès siliceux.

Entre le Lunain et l'Orvanne se trouve un
grand lambeau de sable. Aux environs de Ville-
Chasson et de Bois-Ramort on exploite du grès;
on peut ensuite suivre la même formation au
nord dans les bois de Chevry et de Saint-Ange,
jusqu'au-dessus de Treuzy. Le sable enveloppe
des grès volumineux faciles à distinguer de ceux
de l'argile plastique qui se rencontrent à un niveau inférieur.

Dans la plaine qui domine Villemarchal, les
sables sont partout recouverts par le calcaire lacustre supérieur; et à la descente du plateau
vers Bois-Roux, il est aisé de constater la succession suivante des terrains :

	1° Calcaire lacustre supérieur;
	2° Grès en gros blocs;
	3° Sables ;
	4° Calcaire lacustre;
Argile plastique.	5° Sables et grès ;
	6° Argiles;
	7° Poudingues ;
	8° Craie compacte sans silex;
	9° Craie avec silex dont quelques-uns blancs.

La limite sud du terrain de grès est bien moins tranchée; dans la plaine de Vaupuiseau, de Creilly et de Chevry; les affleurements sont recouverts d'une terre végétale épaisse, et l'assise sableuse paraît amincie; il est donc assez difficile de saisir sur ce sol horizontal la séparation du calcaire lacustre inférieur et de la couche mince de calcaire lacustre supérieur qui recouvre les sables.

Sur un chemin qui conduit de Lorrez-le-Bocage à Chevry, on a ouvert une exploitation de sable qui présente la coupe suivante de haut en bas :

1° Grès. . . . . environ   0 50
2° Sable jaunâtre. 0 33
3° Calcaire d'eau douce coquillier. .   1 50
4° Sable blanc à coquilles marines.

On n'a pu observer le contact du sable et du lacustre inférieur. Cette coupe, bien qu'incomplète, est donc un nouvel exemple de l'alternance de couches marines et d'eau douce déjà signalée à Provins, vers la jonction des étages tertiaires inférieur et moyen. Et comme à Provins, ces alternances ont lieu sur des couches assez épaisses.

Une particularité du même genre se retrouve sur la droite de l'Orvanne, au-dessus des hameaux de Pilliers et de La Vallée. On a ouvert au sommet du coteau de petites extractions de moellon, on trouve ordinairement une couche tout à fait superficielle de calcaire à coquilles marines. Dans la carrière la plus rapprochée de la ferme d'Oseille, ce calcaire est intercalé dans les bancs du travertin supérieur; mais les couches qui le recouvrent ne paraissent pas avoir plus de 0 m. 33 d'épaisseur; du reste il est assez remarquable que les couches de calcaire marin paraissent, comme à Provins, participer des caractères minéralogiques des calcaires d'eau douce qui les enveloppent.

Au nord de Dian, on trouve vers le sommet du coteau, et au pied des buttes sableuses, de petites exploitations du même genre. Elles présentent tout à fait les mêmes particularités.

Les sables forment encore les buttes de Trin, de Saint-Ange, de Dormelles, de Belle-Fontaine, de La Forteresse, de Montmachoux, des bois de Saint-Agnan.

L'assise sableuse s'amincit vers l'est. A Trin son épaisseur atteint 25 à 30 mètres, et dans les bois de Saint-Agnan elle paraît réduite à 18 ou 15.

Dans toutes ces buttes les grès se trouvent à la partie supérieure des sables en banc quelquefois presque continu, ils sont principalement exploités à la montagne de Trin. Le banc de grès siliceux est recouvert de plaques de grès ferrugineux et manganésifère. Les débris des mêmes grès ferrugineux couvrent les talus de la butte de Dormelles.

On trouve au-dessus de la ferme de Trin, dans une sablière, des galets de silex changés en silice farineuse. La transformation a commencé par la superficie et a pénétré jusqu'au centre, ou s'arrête à une certaine profondeur, selon leur grosseur. On a trouvé des galets absolument semblables en très-grande quantité dans les bois de Saint-Agnan, près de La Haie-au-Roy, et au-dessus de la ferme de Malassise. Ces galets paraissent avoir appartenu primitivement au terrain d'argile plastique, mais il serait difficile de dire si leur métamorphose a précédé ou suivi l'époque où ils ont été enveloppés dans les sables.

Sur la rive droite de la Seine les sables couronnent le plateau de Surville au nord de Montereau, et forment les buttes de Rubrette, de Vernou et de Samoreau, où les grès se trouvent aussi en blocs énormes.

Le calcaire lacustre supérieur recouvre toutes les hauteurs de la forêt de Fontainebleau qui portent le nom de Monts. On en trouve même quelques lambeaux sur les plaines sableuses les plus élevées. Au nord-est d'Achères et de Noisy ces calcaires sont excavés pour le passage des routes, ou même exploités dans plusieurs endroits de la forêt de Fontainebleau, de sorte qu'on voit bien leur superposition aux sables. On citera les routes qui s'élèvent sur le Mont-de-Fays, le Mont-Saint-Père, le Mont-Perreux, la Butte-Macherin et la Butte-de-Fontainebleau. Au Mont-Perreux une carrière entame le calcaire sur plus de 4 mètres d'épaisseur.

A l'est et au sud de Fontainebleau plusieurs mamelons isolés sont recouverts d'une épaisseur variable de calcaire, tels sont les roches de Samoreau la Butte-du-Monceau, le Mont-Ardent, le Petit-Mont-Chauvet, le Mont-Morillon, le Mont-Merle, la Male-Montagne, le Haut-Mont. Enfin l'on atteint encore plus au sud le bord de la grande plaine sur laquelle le calcaire règne sans discontinuité. On le voit sur le bord de toutes les routes qui gravissent ce plateau, et aussi à la descente sur le côté opposé vers Bourron, vers Villiers. On peut ensuite suivre sans interruption l'affleurement du calcaire, sur le sommet du coteau qui borde irrégulièrement la vallée du Loing.

A l'ouest de la forêt de Fontainebleau le plateau calcaire est profondément découpé par les vallons qui descendent de la plaine d'Achéres, et par celui qui remonte vers Boissy-aux-Cailles. Vers Malesherbes on peut suivre le calcaire supérieur au-dessus des sables sur les deux coteaux de la vallée de l'Essone. La puissance du calcaire d'eau douce est très-irrégulière, elle est en raison inverse de l'élévation des grès. Dans la forêt de Fontainebleau, elle s'annule quelquefois, et d'autres fois atteint 5 à 6 mètres; en général la roche se compose de bancs peu épais et de médiocre consistance.

La formation de calcaire lacustre supérieur s'épaissit assez rapidement vers le sud. Dans la plaine de La Chapelle-la-Reine, à Ury, cette épaisseur est déjà d'environ 15 mètres, les grès ne se retrouvent en place qu'à Meun et à Merlanval.

On exploite le calcaire à Ury et à Meun, à La Chapelle et à Merlanval, où il est pénétré d'infiltrations siliceuses. Entre Oncy et Tousson on en a extrait de véritable meulière propre à être taillée en carreaux pour la fabrication des meules. Dans toute la plaine qui s'étend encore plus au sud, le calcaire paraît avoir de 15 à 20 mètres de puissance moyenne, et partout on arrive au sable après l'avoir traversé. Au sud et à l'ouest d'Aufferville, il s'amincit en s'approchant des vallées du Loing et du Fusain et en même temps les grès supérieurs diminuent de puissance.

Des éminences s'élèvent au-dessus de la plaine calcaire à Bessonville, près de la Chapelle-la-Reine, à Rumont, à Burcy, à Avrilmont, à Desmonts, au nord et au sud de Puiseaux, dans le département du Loiret. Elles sont composées à leur base de plusieurs couches de marnes argileuses jaunes ou légèrement verdàtres qui retiennent les eaux et produisent de faibles sources. Ces marnes reposent sur le calcaire solide qui forme le sol des plaines. Elles sont recouvertes à leur tour de bancs minces de calcaire dur et compacte qui s'élèvent jusqu'au sommet de la butte. Au nord de Tousson les marnes se trouvent à la surface du sol. Ailleurs elles se rencontrent vers le pied des collines. Elles sont facilement reconnaissables à l'humidité qu'elles entretiennent, on les voit d'ailleurs dans les talus de plusieurs chemins. Entre Burcy et Avrilmont, on les fouille pour en faire de la tuile. Quant au calcaire supérieur aux marnes il est assez fréquemment exploité comme moellon.

Ces couches marneuses forment dans cette contrée un horizon assez régulier. Est-il général dans le calcaire lacustre supérieur? Il faudrait pour répondre positivement à cette question des observations plus étendues; on se contentera de remarquer ici qu'on n'a pu retrouver ces marnes à l'ouest de Malesherbes, où le niveau des plaines est tel, qu'elles auraient dû y former des affleurements très-étendus.

Sur la rive droite du Loing, le calcaire lacustre supérieur forme un petit lambeau à la ferme de La-Forêt; il couvre ensuite la plaine comprise entre les bois de Nanteau et Lagerville, il y atteint même une assez grande épaisseur (10 à 15 mètres): ainsi qu'on peut s'en assurer en descendant le vallon de Lepuy à Poligny.

Le calcaire est exploité dans plusieurs localités près du Boulay, de Lepuy, de Chaintreaux; dans cette localité il a, s'il faut en croire les ouvriers, une épaisseur de plus de 15 mètres. Il finit en s'amincissant sur ses bords; la très-petite épaisseur des sables supérieurs, et l'affleurement des trois assises superposées dans une plaine peu accidentée, rendent, comme on l'a déjà dit, la détermination des limites assez difficiles.

Enfin on retrouve encore un lambeau de calcaire au-dessus des grès sur la rive droite du Lunain entre Chevry et Nanteau. Ce calcaire n'a quelque épaisseur et ses limites ne sont bien définies que vers l'ouest et vers le nord.

Au sommet de la montagne de Trin on voit en quelques endroits des marnes d'eau douce coquillières entre les sables et un terrain supérieur dont il sera question plus loin.

En général le calcaire lacustre supérieur est en couches plus minces que l'inférieur, souvent même en plaquettes. Cette manière d'être n'est cependant pas suffisamment caractéristique pour les

distinguer. On extrait en effet aux environs de
Lepuy des pierres d'assez grande dimension ; et
d'un autre côté il est bien des localités où les
bancs qui composent le calcaire lacustre inférieur
ne pourraient fournir que du moellon de petit
échantillon.

Le sommet de la montagne de Trin, les éminences qui portent Montmachoux, les bois de
Belle-Fontaine, de La Forteresse, de Saint-Agnan
sont couverts par un terrain particulier composé
de cailloux de silex peu roulés, dans une argile maigre jaunâtre, et dans un sable grossier formé de
petits galets de quartz laiteux, blanc, ou teint
superficiellement par l'oxyde de fer en couleur de
rouille ou de lie de vin. On trouve aussi, associées
au sable, des argiles assez pures de même couleur ;
les cailloux siliceux sont ordinairement blonds ;
beaucoup ont une apparence jaspoïde, on en trouve
aussi de noirs et de rouge de sang ; cette variété,
qui se voit aussi dans les poudingues de l'argile
plastique, y est plus rare que dans le terrain superficiel ; vers la partie inférieure les sables sont parfois un peu marneux. Ce terrain se voit très-bien
à la montagne de Trin, où on le déblaie pour arriver aux grès. On l'observe assez facilement dans
les bois de La Forteresse, de Belle-Fontaine, de
Saint-Agnan, où on le fouille souvent pour extraire des grès. Dans cette dernière localité, il est

tranché par les talus de plusieurs chemins d'exploitation; de celui, entre autres, qui les traverse dans toute leur longueur et descend au hameau de Blanche. Ce chemin présente la coupe suivante:

	1°	Conglomérat de silex;
Sables supérieurs.	2°	Blocs de grès;
	3°	Sables;
Calcaire lacustre inférieur.	4°	Calcaires marneux;
Argile plastique	5°	Sables grossiers et grès;
	6°	Argiles rougeâtres et grès;
	7°	Sable avec galets de silex;
	8°	Marnes argileuses;
	9°	Craie blanche.

Cette formation remarquable qui couvre tous ces sommets élevés ne semble pas avoir d'analogues dans le voisinage. On pourrait, il est vrai, la rapprocher du plus ancien des deux terrains diluviens qui se trouvent à la surface des plaines dans l'arrondissement de Provins, mais elle paraît en différer par sa puissance plus grande, par la pureté des argiles et des sables bigarrés à gros grains de quartz blanc qu'elle renferme, par la quantité de ces derniers, et enfin par l'absence presque complète de sables à grains fins qui entrent pour une forte proportion dans la composition du terrain diluvien. Les sables grossiers et les argiles semblent au contraire de nature identique aux matériaux de même espèce qui, dans les plaines de la Beauce, forment des amas dans certaines dépressions du calcaire lacustre supérieur, et qui alimentent plusieurs tuileries non loin d'Angerville et d'Étampes, et vont par là se relier au terrain des meulières supérieures où l'on retrouve les mêmes sables et les mêmes argiles.

Le conglomérat de silex de la montagne de Trin et des bois de Saint-Agnan paraît donc être un équivalent de ces meulières. Les matériaux enveloppés font seuls la différence; au-dessus du calcaire lacustre supérieur ce sont les meulières de cette formation, des silex au contraire dans le voisinage de la craie et de l'argile plastique.

Le calcaire supérieur est presque partout recouvert, sur les plaines hautes, d'une certaine épaisseur d'un terrain meuble sableux qui le cache quelquefois entièrement. Dans la forêt de Fontainebleau, quand les monts se terminent par un plateau de quelque étendue, on rencontre presque toujours cette couche superficielle, qui a souvent jusqu'à 1 mètre d'épaisseur; elle existe sur le mont de Fays, sur le mont Macherin; elle est très-développée dans toute l'étendue du plateau qui entoure le carrefour des Grands-Feuillards; et en suivant la route ronde jusqu'à la croix de Saint-Herem on marche constamment sur ce sable, qui cache presque toujours le calcaire.

On retrouve celui-ci toutes les fois qu'on descend vers Fontainebleau par le chemin d'Achères, de Recloses et par les routes d'Ury et de Bourron; la couche sableuse superficielle est facile à observer dans les talus et dans les fossés de ces routes; à la descente de Bourron elle a quelquefois plus de 1 mètre. Dans la plaine, cette couche sableuse recouvre entièrement le calcaire; aux environs d'Achères et d'Ury elle renferme même des blocs assez volumineux de grès tout à fait semblables à ceux de la forêt de Fontainebleau; il est d'ailleurs facile de s'assurer qu'ils reposent sur le calcaire. Toute la plaine comprise entre La Chapelle-la-Reine, Malesherbes, Beaumont et Château-Landon est couverte d'une épaisseur variable de la même terre sableuse, qui en fait la fertilité; il est assez rare que le calcaire paraisse tout à fait à la surface du sol. Quand on soumet ce terrain superficiel à la lévigation on y trouve de petits fragments calcaires, quelquefois de petits fragments de grès, de l'argile, et surtout une très-grande proportion de sable quartzeux à grains égaux absolument semblable à celui de l'étage tertiaire moyen.

On a déjà cité le sable grossier et les marnes qui s'y trouvaient mêlées, ordinairement vers la partie inférieure, dans la plaine de Château-Landon, et surtout au-dessus de Fontaine, mais cette manière d'être semble particulière à cette localité et peut tenir au voisinage des affleurements de l'argile plastique.

La même terre sableuse superficielle se retrouve fort développée sur le plateau qui porte les bois de Darvault et de Nanteau, les Rosiers, le Boulay, Chaintraux et Égreville, elle se montre même sur la rive droite du Lunain au sommet du plateau entre Chevry et Nanteau. Là encore elle est presque entièrement sableuse; et quand elle s'approche des affleurements de l'argile plastique, elle contient des matériaux empruntés aux sables de ce terrain.

La disposition du diluvium des plaines sur les deux côtés de la vallée du Loing en couche correspondante par son épaisseur et par sa composition paraît une preuve que ce terrain a été déposé en nappe régulière et continue avant l'ouverture de la vallée; il faut remarquer d'ailleurs que le niveau moyen de ces plaines ne dépasse guère 120 à 130 mètres, et qu'il s'élève continuellement vers le nord. Dans l'arrondissement de Provins, au contraire, ce niveau de 130 mètres est celui de la partie basse de la formation des sables supérieurs, dont le sommet atteint 160 et jusqu'à 200 mètres. Cette formation sableuse y a d'ailleurs existé et y a été détruite sur une très-large échelle, comme le prouvent les buttes qui s'élèvent encore comme autant de témoins, au-dessus du niveau général des plaines; les éléments remaniés de la formation sableuse ont donc pu s'étendre du nord-est au sud-ouest sur les plaines du calcaire lacustre supérieur, sans remonter au-dessus de leur niveau primitif.

Les plaines basses, dont le niveau est irrégulier, sont elles-mêmes couvertes d'un terrain remanié qui paraît différent de celui qui couvre les plaines hautes. Ce terrain est formé des matériaux de l'argile plastique, des calcaires et des sables. Sa composition est tout à fait en rapport avec celle de la roche subjacente ou voisine, de sorte que ses éléments ne paraissent pas venus de bien loin. La plaine entre Ville-Saint-Jacques, Montarlot et Moret est couverte ainsi de marnes jaunâtres qui suivent toutes les ondulations du sol. On les retrouve aussi à la surface du grand lambeau calcaire au-dessus duquel s'élève la montagne de Trin. Enfin les mêmes marnes superficielles s'étendent sur le calcaire lacustre inférieur au-dessus de La Génevraye.

Entre Lorrez, Paley et Égreville la surface du sol est encore recouverte d'un terrain remanié, mais dans lequel les sables, les argiles et les galets de l'argile plastique dominent. Sur le sommet de la colline qui sépare Villemer de Nonville on retrouve aussi des galets de l'argile plastique et du gravier. Ces matériaux présentent d'ailleurs beaucoup d'analogie avec certains terrains de transport de la vallée du Loing et du Lunain, auxquels ils pourraient bien appartenir.

Les dépôts remaniés superficiels sont ordinairement difficiles à distinguer les uns des autres, et même de certaines roches en place, surtout quand les éléments qui les composent n'ont pas subi un grand déplacement. Tous ces terrains, produits d'un même mode de formation, doivent nécessairement avoir plusieurs points de ressemblance, mais leur situation et leur composition présentent d'un autre côté des différences telles qu'il est bien difficile de les regarder tous comme les résultats simultanés d'un phénomène unique.

Le terrain de transport de la vallée du Loing en occupe le fond et s'élève très-haut à droite et à gauche, il est surtout composé de silex arrachés directement à la craie et aux formations plus modernes. On y trouve des débris des grès et des poudingues de l'argile plastique.

Ce diluvium couvre la plaine basse qui domine Foljuif et qui porte les bois de La Commanderie. Il s'étend au-dessus de Grès et de Montigny presque jusqu'à Bourron. Il couvre une partie du plateau entre Nemours, Nonville et La Génevraye. Son épaisseur est même assez grande dans les environs des bois de Plaine, et en général sur tous les points assez élevés. Il ne s'étend guère sur le penchant des coteaux et ne se trouve qu'au fond de la vallée ou à une certaine hauteur. C'est peut-être à ces terrains qu'appartiennent les galets, les graviers, qu'on trouve, comme on l'a déjà dit, sur le sommet du coteau entre Nonville et Villemer, et dont il existe aussi quelques traces à l'ouest de la Montagne de Trin. Au milieu du diluvium du fond de la vallée on rencontre d'énormes blocs de grès ou de poudingues. Beaucoup de ces blocs sont dans le lit même du Loing. Ils ont pu d'ailleurs arriver dans cette position sans être amenés de bien loin, et seulement en roulant du haut des collines.

Le vallon du Lunain depuis Nanteau, celui de l'Orvanne depuis Voulx paraissent remplis, vers le fond, d'un terrain de transport bien caractérisé, composé principalement des débris de la formation d'argile plastique. On a reconnu, en effet, près de Voulx et de Thoury-Ferrottes, sous le terrain d'atterrissement moderne, une assez grande épaisseur de gravier et de cailloux roulés.

Le terrain de transport occupe une immense étendue dans les vallées de la Seine et dans celle de l'Yonne, surtout au confluent des deux rivières. Dans la vallée de la Seine il est principalement

composé de détritus calcaires ; il est recouvert
d'une grande épaisseur d'atterrissement moderne.
Dans la vallée de l'Yonne les galets calcaires ou
les silex dominent, surtout vers la partie supérieure du terrain de transport; l'on rencontre aussi
des galets granitiques, mais quand on trouve
l'occasion d'examiner une fouille un peu profonde on remarque que ces galets deviennent
beaucoup plus nombreux vers le bas et surtout
plus volumineux. Au sud de Fossard, où l'on a
fait de grandes excavations pour extraire des
matériaux d'empierrement, le terrain de transport inférieur a une sorte de stratification qui
le distingue assez nettement de celui qui le recouvre. Cette disposition indique-t-elle que les
matériaux qui les composent ont dû se déposer
en plusieurs périodes successives, ou bien est-ce
un produit particulier au confluent de deux
grands courants d'eau qui auraient charrié des
débris différents ?

Les eaux souterraines qui alimentent les puits
ou forment les sources se rencontrent à plusieurs
niveaux différents. Dans les plaines élevées du
canton de La Chapelle-la-Reine on trouve l'eau,
après avoir traversé le calcaire supérieur et les
sables, vers la surface du calcaire lacustre inférieur, ou même à une certaine profondeur,
dans ce terrain, au-dessous de l'assise des glaises

vertes Il paraît cependant que l'eau afflue quelquefois au sein même des sables, et cette circonstance tient probablement à ce que l'assise sableuse est comprise entre deux formations calcaires dont la plus basse est peu perméable à cause des couches marneuses qui en forment la partie supérieure. Dans la plaine de Château-Landon, et surtout en s'approchant des limites du bassin tertiaire, l'assise marneuse du calcaire lacustre inférieur cesse d'être reconnaissable, et l'on est obligé d'approfondir les puits jusqu'à l'argile plastique. Ce qu'on vient de dire de la plaine haute, à gauche du Loing, est applicable à la plaine qui s'étend au même niveau sur la droite jusqu'à Égreville.

Dans toute l'étendue des plaines basses, l'eau se trouve généralement dans les sables supérieurs de la formation d'argile plastique; mais presque dans toutes les localités situées à un niveau plus bas que ces sables il faut approfondir les puits jusque dans la craie. Les poudingues inférieurs ne paraissent fournir de l'eau que dans le petit nombre de localités où ils sont séparés de la craie par quelques couches argileuses.

Quelques sources assez abondantes sortent de la craie (Lorez, Villemer, Esmans). La position de ces courants d'eau, d'ailleurs assez communs dans les régions crayeuses, ne se rattache pas à une composition régulière de la roche. Les sources ordinaires, provenant de la craie, et qui alimentent les puits, sont dues à des infiltrations qui en traversent les fissures.

TABLE

———

———

PREMIÈRE PARTIE.

DEUXIÈME PARTIE.

TROISIÈME PARTIE.

FIN.